365天
子弹笔记

THE 365 BULLET GUIDE

［英］齐诺·康普顿（Zennor Compton）
［英］玛西亚·米霍蒂奇（Marcia Mihotich）著
吴天骄 译

图书在版编目（CIP）数据

365 天子弹笔记 /（英）齐诺・康普顿（Zennor Compton），（英）玛西亚・米霍蒂奇（Marcia Mihotich）著；吴天骄译 . -- 南京：江苏凤凰文艺出版社，2020.7（2020.11 重印）

书名原文：THE 365 BULLET GUIDE
ISBN 978-7-5594-4403-5

Ⅰ.①3… Ⅱ.①齐…②玛…③吴… Ⅲ.①思维方法-通俗读物 Ⅳ.① B80-49

中国版本图书馆 CIP 数据核字 (2020) 第 011438 号

THE 365 BULLET GUIDE
Copyright © Macmillan Publishers International Ltd. 2017
Illustrations copyright © Marcia Mihotich 2017
First Published in the UK 2017 by Boxtree, an imprint of Pan Macmillan.,
a division of Macmillan Publishers International Limited.
All rights reserved.

本书中文简体版权归属于银杏树下（北京）图书有限责任公司。
版权登记号：10-2020-31

365 天子弹笔记

[英] 齐诺・康普顿（Zennor Compton）　　[英] 玛西亚・米霍蒂奇（Marcia Mihotich）著；吴天骄 译

出版人	张在健
责任编辑	王　青
特约编辑	张　怡
筹划出版	银杏树下
出版统筹	吴兴元
营销推广	ONEBOOK
装帧制造	墨白空间
出版发行	江苏凤凰文艺出版社
	南京市中央路 165 号，邮编：210009
网　址	http://www.jswenyi.com
印　刷	北京盛通印刷股份有限公司
开　本	787 毫米 ×1092 毫米　1/32
印　张	8
字　数	50 千字
版　次	2020 年 7 月第 1 版
印　次	2020 年 11 月第 2 次印刷
书　号	978-7-5594-4403-5
定　价	45.00 元

后浪出版咨询（北京）有限责任公司常年法律顾问：北京大成律师事务所
周天晖　copyright@hinabook.com
未经许可，不得以任何方式复制或抄袭本书部分或全部内容
版权所有，侵权必究
本书印刷、装订错误可随时向承印厂调换。联系电话：010-64010019

目 录

介　绍　　　　　　　　　　　　　　　　　　1

开始使用　　　　　　　　　　　　　　　　　3

变得有创意 I　　　　　　　　　　　　　　　48

更聪明地工作，而不是更努力地工作　　　　 57

变得有创意 II　　　　　　　　　　　　　　 83

照顾好你的身体　　　　　　　　　　　　　 93

变得有创意 III　　　　　　　　　　　　　　115

呵护好你的心灵　　　　　　　　　　　　　121

变得有创意 IV　　　　　　　　　　　　　　149

计划有序的娱乐　　　　　　　　　　　　　157

变得有创意 V　　　　　　　　　　　　　　 193

生活管理　　　　　　　　　　　　　　　　199

变得有创意 VI　　　　　　　　　　　　　　241

介 绍

本书既不是日记本，也不是笔记本。它是一个可无限自由定制的、宽松的笔记体系。它将改变你的生活，帮助你把所有的计划、待办事项和日志都放在一个工作簿里。你所需要的额外物品，仅仅是一个笔记本（关于选择哪种类型的笔记本，请参阅第18页）和一支笔。

使用子弹笔记的乐趣在于：是繁是简，可随你的喜好而定。无论你是需要在工作中监控多个项目、想记录家务琐事、监测健康状况、改善心情，还是需要一个地方存放个人的目标和珍贵的回忆，或者是上述内容总和，子弹笔记都是非常宝贵的资源。这里为一年365天都提供了制作子弹笔记的步骤和想法，其中大部分只需要你花上365秒或者更少的时间。不管这种组织创造力看起来有多么微不足道，但你要知道，最伟大的想法也得从小事做起。

"变得有创意"的页面贯穿全书。这些页面会启发你使用不同的颜色、形状、边框和涂鸦来装饰你的页面，甚至还会教你一些书写的技巧。

这本书里有很多练习的空间，不过你可能也想在手头备一些便签，特别是如果你是个追求完美的人。这本书中有关于如何修正错误的小贴士，可是如果你的笔记页面看起来不像你想要的那样完美，不要因此而责备自己。你总会找到适合自己的风格。

那么让我们开始吧。

开始使用

开　始
选择你的笔记本

仔细选择你用来做子弹笔记的笔记本。它会被经常使用,所以挑选一个结实耐用的笔记本吧。你会在上面画横线和竖线,因此你可能想要一个有网格或点阵的笔记本。如果你的待办事项列表很长,那就挑一本较厚的笔记本。如果你更像极简主义者,那么选一本薄点的笔记本也没关系。页面自带页码的话可以节省时间,但有没有页码并不重要,你可以自己给页面标注页码。

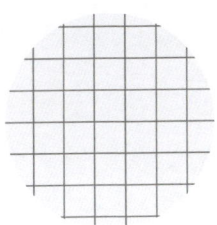

计　划

如果你的笔记本是完全空白的,那就自己标上页码。如果时间紧迫,你可以每隔一页标一个页码。

在第一页,写上一个标题(可以只写上你的姓名)。或者,先留着这处空白什么都不写,等你练习了字母书写、边框和涂鸦之后,再回来写上标题。

在下一页,写上:索引。索引将充当你子弹笔记的目录页。有了索引,你就可以用标题和页码来记录你添加到子弹笔记中的不同页面。当你的日志变得越来越长,你就能通过快速浏览索引找到你想要的东西。如果你的笔记本特别厚,那么你可能想预留两页来做索引。你现在可以在索引这部分保留空白。

计划的变化

如果你想把工作和个人生活分开,那就用子弹笔记的一头写工作,另一头写个人生活。请考虑为工作和个人生活分别创建一个索引。更多有关计划的想法,请查看本书后面的大师班部分。

索 引

笔记符号

子弹笔记的主要原则可以总结为,用一套非常简单的符号代表不同类型的事情——这些事情可能会出现在你的待办事项列表上。你将在你的笔记中使用这些符号,所以把这些符号写在你的子弹笔记开头会很有用,这样当你需要的时候就可以回头查阅了。

你可以使用下列笔记符号,通过这样的方式迅速安排日常事务:

☐ 用空方块表示任务。

■ 用实心方块表示已完成。

○ 用小圆圈表示事件。

— 用分隔符表示笔记。

在一天结束的时候

可能你没完成你列表上的所有任务,但是子弹笔记法能确保你不会遗漏任何任务。用向右的箭头标记你需要推迟到明天的任务。这就是所谓的迁移。

■　　与莎拉约定会面

〇　　凯瑟琳的告别派对

—　　今天必须多喝水

□　　洗衣服

□ ⟩→洗衣服

一月	二月	三月
M T W T F S S		
1 2 3		
4 5 6 7 8 9 10		
11 12 13 14 15 16 17		
18 19 20 21 22 23 24		
25 26 27 28 29 30 31		
四月	五月	六月
七月	八月	九月
十月	十一月	十二月

年度计划

现在我们要添加一个方便使用的全年日历。这也是你的年度计划。你可以先用铅笔试一试,或者用尺子画出分界线,在每个空格处写上月份。根据每个月的需要分配空间,可以横跨两页。完成后,请在索引中记下新创建索引的页码。

变 化

在你的年度计划中把你每年的假期、考试季或其他重大活动都排出来,这样你的计划就能一目了然。

	三月	四月	五月	六月
1				
2				
3				
4				
5				
6				
7				
8				
9				
10				
11				
12				
13				
14				
15				
16				
17				
18				
19				
20				
21				
22				
23				
24				
25				
26				
27				
28				
29				
30				
31				

M	T	W	T	F	S	S
				1	2	3
4	5	6	7	8	9	10
11	12	13	14	15	16	17
18	19	20	21	22	23	24
25	26	27	28	29	30	31

一月

二月

三月

四月

五月

六月

四月	五月	六月
M T W T F S S 1 2 3 4 5 6 7 8 9 10 11 12 13 14 15 16 17 18 19 20 21 22 23 24 25 26 27 28 29 30 31		

一月	二月	三月

四月	五月	六月
	M T W T F S S 1 2 3 4 5 6 7 8 9 10 11 12 13 14 15 16 17 18 19 20 21 22 23 24 25 26 27 28 29 30 31 _____ _____ _____ _____	

未来日志

添加一个像下面这样的未来日志。在未来日志中,你将记录那些你将来需要记住的任务和日期。大体上来说,你可以在此清空大脑中多余的信息垃圾,这样你就可以专注于手头的任务,而不是担心那些即将到来的任务。如果你倾向于做最简单的笔记,那么你只需要为未来日志准备两个页面就可以了。否则,请为此内容留出两个双页。不确定你需要多少页?别担心,你可以在笔记里重新书写更完善的未来日志。记下那些重要的日子,如生日、节假日和周年纪念日。现在,请再一次在索引中记下页码。

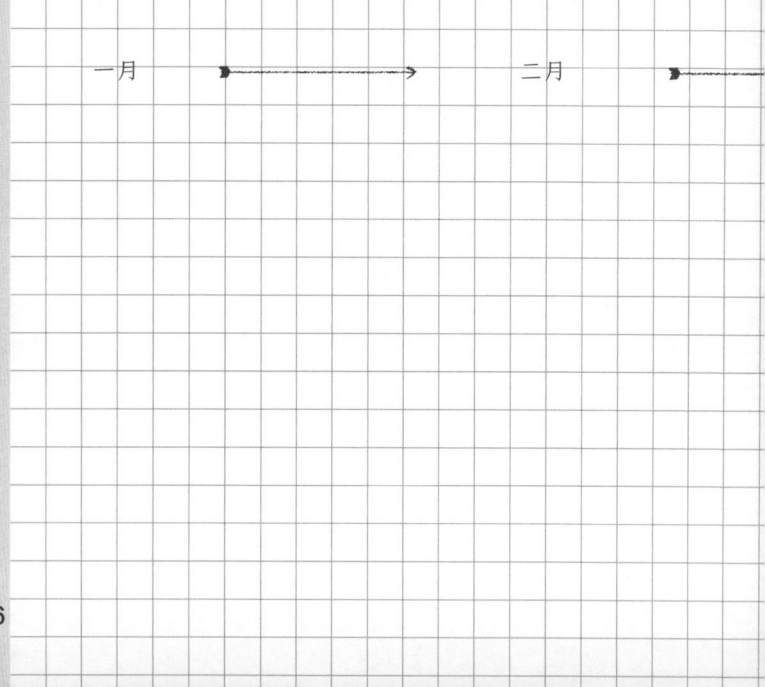

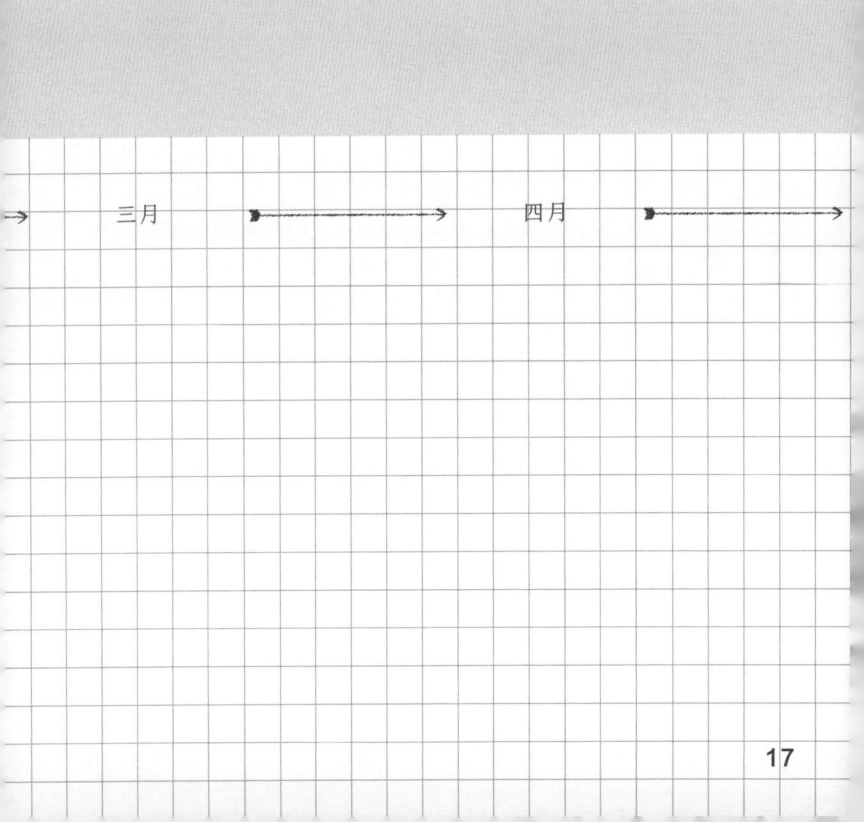

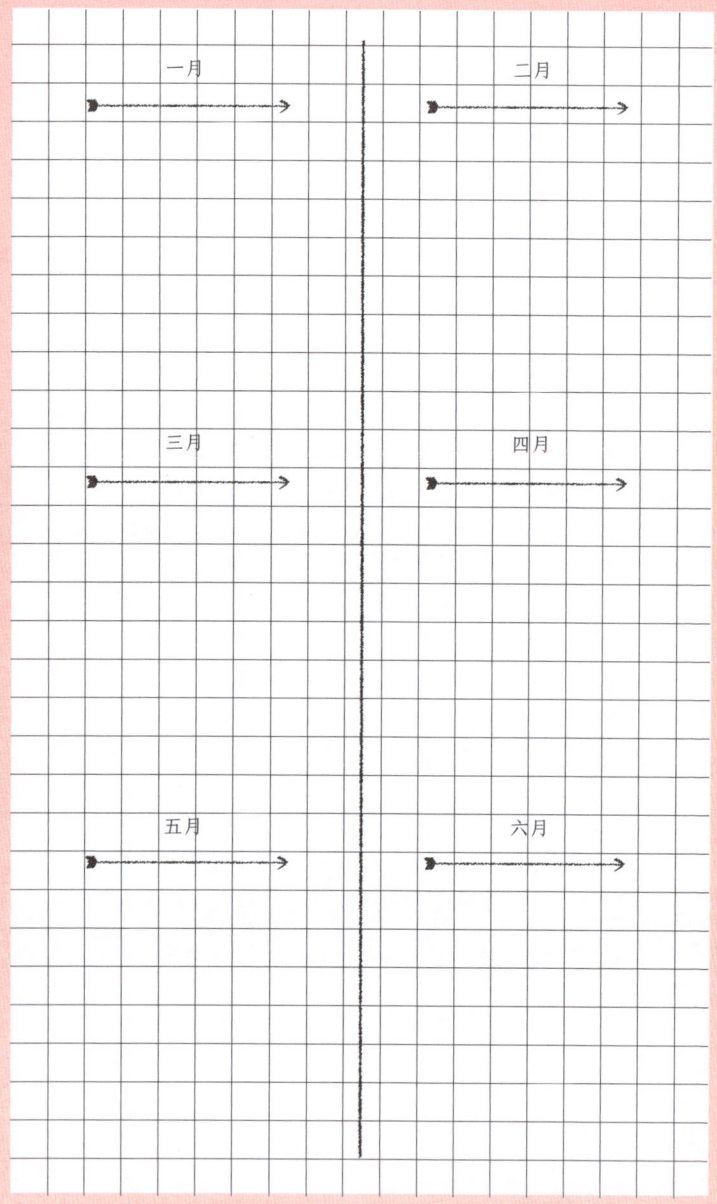

	一月	二月	三月	四月	五月	六月
1						
2						
3	○					
4			○			
5	○					
6						
7						
8						
9						
10						
11						
12						
13						
14						
15						
16						
17						
18						
19						
20						
21						
22						
23						
24						
25						
26						
27						
28						
29						
30						
31						

每月计划

现在,添加你的每月计划页面。这是一个记录重要约会和日期的好地方,这样你下个月的计划和安排就一目了然了。搜寻你的未来日志,看有没有这样的例子。在接下来的几个月里,不要试图重复这种做法。你将在每月月初创建一个新的每月计划页面,使计划尽可能保持最新。现在,给它加上索引。

1T	
2F	
3S	与奥利维亚销售代表
4S	共进晚餐
5M	
6T	生日
7W	
8T	
9F	
10S	
11S	
12M	
13T	
14W	
15T	
16F	
17S	
18S	
19M	
20T	外出过周末
21W	
22T	
23F	
24S	
25S	
26M	
27T	
28W	
29T	
30F	
31S	

M	T	W	T	F	S	S
			1	2	3	4
5	6	7	8	9	10	11
12	13	14	15	16	17	18
19	20	21	22	23	24	25
26	27	28	29	30	31	

	全天	上午	晚上
1T			
2F			
3S			
4S			
5M			
6T			
7W			
8T			
9F			
10S			
11S			
12M			
13T			
14W			
15T			
16F			
17S			
18S			
19M			
20T			
21W			
22T			
23F			
24S			
25S			
26M			
27T			
28W			
29T			
30F			
31S			

	全天	上午
1T 2F 3S 4S 5M 6T 7W		
8T 9F 10S 11S 12M 13T 14W		
15T 16F 17S 18S 19M 20T 21W		
22T 23F 24S 25S 26M 27T 28W		
29T 30F 31S		

晚上

M	T	W	T	F	S	S
				1	2	3
4	5	6	7	8	9	10
11	12	13	14	15	16	17
18	19	20	21	22	23	24
25	26	27	28	29	30	31

M	T	W	T	F	S	S
			1	2	3	4
5	6	7	8	9	10	11
12	13	14	15	16	17	18
19	20	21	22	23	24	25
26	27	28	29	30	31	

1T
2F
3S
4S
5M
6T
7W
8T
9F
10S
11S
12M
13T
14W
15T
16F
17S
18S
19M
20T
21W
22T
23F
24S
25S
26M
27T
28W
29T
30F
31S

28

每周计划

正像你猜的那样,这一页给你提供了坐下来查看一周计划和安排的机会。养成习惯,在周一早上坐下来写下这一页,并且记下你即将参加的任何约会、社交活动或截止日期。即使你的计划乱了套,这种例行公事也会带给你一种轻松和专注的感觉。

M

T

W

T

F

S

S

备注

目标

星期一

星期二

星期三

M/10	T/11	W/12	T/13

任务　　　　　　　　　　项目

F/14	S/15	S/16

备注

个人的

21

22

23

24

25

26
27

| 星期一 | 星期二 |

| 星期三 | 星期四 |

| 星期五 | 星期六 |

| 星期日 | —— 目标 —— |

星期一

今天

每日计划

但愿你已经保存了编码的子弹笔记列表,那是我们在本书开始讲笔记符号时创建的。基本上,每日计划页面是需要你创建列表的地方。此外,不需要提前添加相关内容,因为你的每周计划、每月计划和未来日志已经涵盖了这些内容。你可能一天用不完一张纸,所以如果你一天的清单只用了四分之一张纸,那么第二天就从同一页开始。你不需要给这些内容加上索引,除非你想这么做。

如果你不愿意的话,不必觉得非创建年度计划、未来日志、每月计划和每周计划不可——这是你的日志,所以选择一个能让你最有条理的组合。如果你不太确定的话,就都试一试,如有必要,也可以把它们删掉。

20

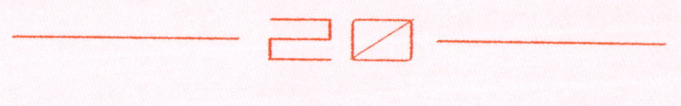

13 14 15 16 17 18 19 20 21 22 23 24 25 26 27

星期一

星期一

- [ ] _____
- [ ] _____
- [ ] _____
- [ ] _____
- [ ] _____

星期二

14

M	T	W	T	F	S	S
					1	2	3
4	5	6	7	8	9	10
11	12	13	14	15	16	17
18	19	20	21	22	23	24
25	26	27	28	29	30	
31						

———————— 星期一 ————————

————————————————————————————

————————————————————————————

————————————————————————————

————————————————————————————

————————————————————————————

————————————————————————————

———————— 今日灵感 ————————

星期五

16

记录表

在跟进你的目标时,记录表是一种很直观的方法。持续一个月以上效果最好,但你可以试试每周进行记录。参见第 10 页了解雄心勃勃的年度记录表。把日期写到轴线上,而你正在跟进的习惯写到另一根轴线上。你可以在方框里打钩或者使用彩色编码——试一试吧!

变 化

有些目标无须每天都完成。使用这种日历法来记录反复出现的不规则目标。

	S	S	M	T	W	T	F	S
	1	2	3	4	5	6	7	8
每周跑步 3 次								
喝 2 升水	●		●			●	●	
不要在两餐之间吃零食								
在会议上发言								
整理一个区域			✗			✗		✗
回复电子邮件			♥				♥	
阅读书籍			✓				✓	

	T	W	T	F	S	S	M	T	W	T	F	S	S	M	T	W	T	F	S	S	M
10	11	12	13	14	15	16	17	18	19	20	21	22	23	24	25	26	27	28	29	30	31
●	●			●	●				●									●	●		
	✗	✗✗							✗✗					✗		✗✗	✗				
						♥		♥													
		✓							✓					✓							

主　线

已经填满了一页，想开始另外一页吗？在第一页页码右侧的括号中添加跨页的页码来记录多个页面。将上一页的页码加在新页面左边的括号里，以防你需要回头查阅。

合　集

现在你已经掌握了一些关于子弹笔记的基本知识，是时候开始享受乐趣了。合集是将主题列表归在一起的简单方法。如果你不想你的待办事项列表被长期计划塞得满满的，那么它们对这些长期计划会特别有用。阅读清单、要看的电影、家庭装修、工作项目……别忘了给它们加上索引！

检 查

当你开始更频繁地使用你的子弹笔记时,你会自然而然地意识到笔记中的哪些部分对你有帮助,哪些部分对你没有帮助。也许你喜欢像法庭科学取证那样关注细节,你的子弹笔记可以做得这么细,或者你发现你只用它来做待办事项列表。试着不要一次添加太多新页面,否则你可能会发现自己跟不上节奏。

记住:每个人都不一样,对你有效的方法才是最好的方法。在不适合你的事情上挣扎是没有意义的。你可能想在每月月底花时间来评估哪些对你有帮助,哪些没有帮助,并记下你想尝试的新事物。然后,随着每个月的进展,你可以修改使用笔记的方式。总之,最终目标是创建一本对你有帮助的笔记。

变得有创意 I

子弹的变化

涂 鸦

你不必非得成为一名艺术家,哪怕你一点创意都没有,也可以为你的子弹笔记添加一些装饰。你可以使用下面提供的模板。在这本书的每个部分后面,你都会发现一些有创意的想法和练习。

试试这些简单的涂鸦,能让你的页面变得生动有趣。

字 体

掌握多种字体样式将有助于你的标题脱颖而出。一旦你掌握了这种印刷体的用法,就可以用散布在整本书中的哲人名言来进行练习,在完整的句子中使用它。

可以在此页做一个模仿……

ABCDEFGHIJ
KLMNOPQRS
TUVWXYZ

---

abcdefghijk
lmnopqrstuv
wxyz

× × × × × × × × × × × × × × × × × × ×

1234567890

!?()"£

修复失误

尽管糟蹋了一页可能会令人沮丧,但尽量不要过于看重笔记的完美程度。实用比风格更重要。然而,如果你每次发现有污迹、被划掉的笔迹或书写潦草的书页时,都会忍不住感到一阵恼怒,那么修正液、纸胶带和折纸可以帮你把错误变成出彩的地方。

CREATIVITY
—— IS ——
CONTAGIOUS
PASS
IT ON

Albert Einstein

（创造力是可传递的，让它延续吧。——阿尔伯特·爱因斯坦）

更聪明地工作,而不是更努力地工作

无论你是公司职员、老板、在校学生,还是正在找工作,你的子弹笔记都能为你跟进计划、安排时间、评估项目。在这里,你依然能找到提高效率的技巧。

高效工作,开始吧!

使用迁移来提高效率

你是个习惯拖延的人吗？使用你的子弹笔记提高工作效率的一个有效方法是，给自己设定任务迁移的次数上限。创建一个"星星图"，如果任务迁移没有超出次数限制，那么每完成十次任务就奖励自己一次。惩罚的效果更好？那就试着做一个"耻辱墙"图，确定你拖延的惩罚措施。如果自律不是你的强项，那就请一位愿意帮忙的朋友或同事每周检查你的页面一次。

做五件事

被待办事项列表压得喘不过气来吗?写下你今天必须做的五件最重要的事。如果你很难分清轻重缓急,那么就挑出那些完成后能给别人带来最大快乐、最高效或最多金的任务。按照顺序来做,做的时候关掉手机或电子邮件。做完这五件事了吗?把你的注意力集中在一个简单的任务上,然后返回,再一次列出需要优先完成的五件事。

十天完成十项任务

有一个总是拖延的任务列表吗?试试十天完成十项任务的方式。列出十项任务,每天完成一项。如果你能在十天内完成所有任务,就给你自己一个奖励。

小贴士:如果有一个任务、谈话或工作让你感到害怕,那就先处理它。

时间条

如果你需要仔细计划你的一天,就试试在你的每日计划中添加一个时间条,为你的任务和会议分配时间表。记得留出休息的时间。或者,如果你需要记录你花在不同项目上的时间,那么事后,将其归类。

365 规则

如果一个任务需要的时间不到 365 秒,那就不要把它添加到你的列表、日历或未来日志中,只管去做。如果你喜欢保持记录,或者发现划掉这些记录的行为让你的心灵得到宽慰,那么考虑一下随手做记录,而不是花时间把每一个小任务都写下来。

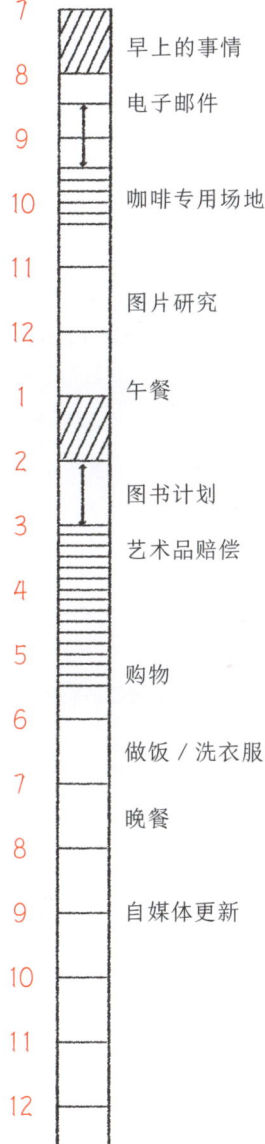

时间	事项
7	早上的事情
8	电子邮件
9	
10	咖啡专用场地
11	图片研究
12	
1	午餐
2	图书计划
3	艺术品赔偿
4	
5	购物
6	做饭 / 洗衣服
7	晚餐
8	
9	自媒体更新
10	
11	
12	

考试及复习小贴士

考试是学习和工作中让人压力很大的事,经常会让人感到焦虑。为考试复习是第一步。当你准备的时候,记下什么对你有效,什么对你无效,这样就可以制定出完美的计划,下一次考试季来临时再重新查阅你的清单。

· 你是喜欢按钟点安排你的时间,还是喜欢根据需要转移注意力?

· 你更喜欢和朋友们一起工作吗?在图书馆、在家还是在咖啡馆?

· 你最喜欢的零食是什么?什么食物会让你无精打采昏昏欲睡?

· 哪种记忆辅助工具对你有帮助:用索引卡来测试你自己,还是在家到处贴便利贴?

文思枯竭

· 写报告、论文或任何文章都会令人畏而却步。专门用一页记下一些提示性的问题和示例结构,以帮助你把这些词写在纸上。例如:

背景　/　要点　/　行动　/　目标　/　结果

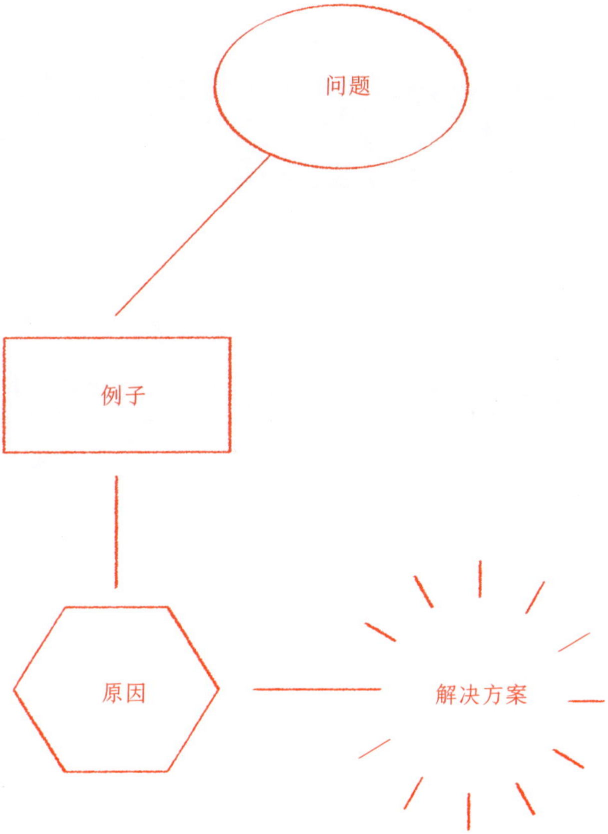

```
            ( 问题 )
              |
              |
    [ 例子 ]
        |
        |
    ⬡ 原因      ✺ 解决方案
```

学习冲刺

随着手机、电脑和互联网的普及,让你的大脑进入工作状态,完成深度的有意义的学习可能会比较困难。那么,为什么不用你的子弹笔记来帮助你呢?"冲刺学习"指的是半小时的高强度学习,无论是记笔记还是阅读课本,在这段时间里,你要摆脱平时会分散你注意力的事物。

画一些方框来代表你的冲刺学习阶段,并在每个方框中写下你计划学习的内容。关掉你的手机,断开网络,并且设置半个小时的计时器。当你的闹钟响起时,如果你觉得自己已经完成了"冲刺",远离了干扰,那就在方框里涂上颜色。

记住,你可能忍不住想从起床一直学习到深夜,但事实证明,休息对集中注意力和记住大量信息至关重要。所以,带着平和的心态进行茶歇,通过有效的计划,你就能完成需要做的事情。

星期几	科目 ■ ■ □ □	科目 □ □ □ □
一		

每日科目学习计划

当你需要应付许多考试时,往往很难记住你需要复习的所有科目。制定每日个人科目学习计划,让你保持专注,并确保你不会遗漏任何需要复习的东西。你可以把它设计成类似老式线格笔记的样子。在左侧留出页边空白,在顶部写上科目名称,例如:生物学。列出你想在一天内复习的主题并编号。对自己一天能复习多少内容要现实一点——先试试四至五个主题。例如:

生物学

1/ 光合作用
2/ 食物链
3/ 碳循环
4/ 环境变化

然后,你可以在复习过程中勾选模块。对当天计划要处理的其他科目重复上述步骤,并用颜色标出需要重新复习的部分。如果你觉得自己更有雄心壮志的话,可以制定一周的个人科目学习计划,把每天的主题分开。

生物学	M	T	W	T	F	S	S
光合作用	●				○		
食物链		●			○		
碳循环			○		○		
环境变化				○	○		

新学年，新的你

当你拿到新的课程表时，要记住很多东西：名字、班级和教室以及上课时间。在你的子弹笔记中创建一张表格，顶部是时间表，下面是星期几。把班级和教室写下来，练习你的数字书法。

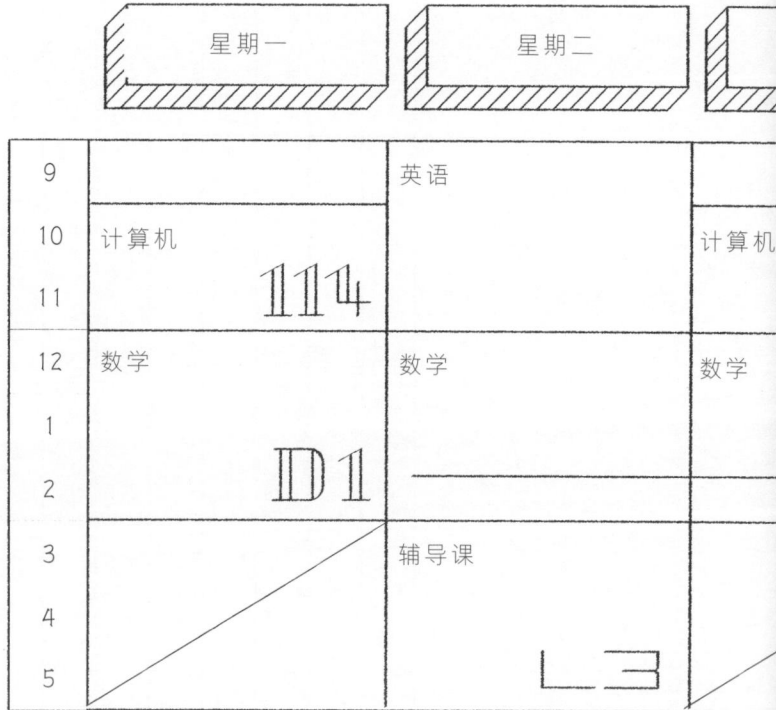

星期三	星期四	星期五
	计算机 114	
	数学	数学
	计算机	辅导课

等 待

有时候，在开始任务之前，你需要等待其他人提供信息或材料。通过创建一个单独的"等待"列表，你可以将其添加到你的每周计划页面或单独保存，从而避免将待办事项列表与这些项目混淆在一起。

等待	从……	要求的	到期的	即将到期的
数字简写	到……	13/6	20/6	18/6 20/6

不要做的事情

你一生中写了多少待办事项列表?如果没有成千上万,也有成百上千。花点时间停下来想想那些你不需要做的事情。当你已经超负荷工作时,你还会同意做某项目吗?你是不是花了太多时间看电视?把你的坏习惯写在纸上,记下你想提升自己的什么方面。

让会议变得与你息息相关

如果你发现自己经常参加永无止境又看似毫无意义的会议,试着养成习惯,在每次会议之前记下你需要弄清楚、需要委派或完成的事情。在会议结束时,检查你的笔记,询问任何缺失的信息,并记录你的行动要点。

记录截止日期

使用每月计划的页面来记录多个截止日期,并更有效地分配你的时间。翻到下一个跨页,标出月份。将每一天划分为若干部分,并将每个部分分配给主题、项目或课程。注意任何关键的截止日期、会议或考试,并把它们框在正方形中。

F1 ● □	S2	S3	M4	T5 ✳
W6	T7	F8	S9	S10
M11	T12	W13 □	T14 □	F15 □
S16	S17	M18	T19	W20
T21	F22	S23	S24	S25
M26	T27	W28 ●	T29	F30
S31				

● 项目1
□ 项目2
✳ 项目3

评估项目

把一页分成四个部分,用这些经典的标记来评估你正在做的项目。

强项	弱项
机会	威胁

发　言

如果你对在课堂或会议上发言感到紧张，那么在手头准备一份开场白清单吧，你可能会发现这样很有帮助，例如：

- 我只是想唱反调……
- 我完全同意你的说法，但我认为有必要澄清……
- 我想知道是否……

学习一门外语

学习一门外语可能比较麻烦,但为什么不试试这个小技巧呢:从你家里挑选十件你每天都要用的物品,把它们画在你的子弹笔记上,每件物品旁边留一些空白。给每件物品写一个名字标签:你的"wardrobe(英语单词,意为衣柜)"变成了你的"garde-robe(法语单词,意为衣柜)",或者"guardarropa(西班牙语单词,意为衣柜)",或者"kleiderschrank(德语单词,意为衣柜)"。

一周结束时,在不看那些物品的情况下,用铅笔给你的画写上标签。十件物品的名称你都写对了吗?如果是的话,为另外十件物品再画一页。

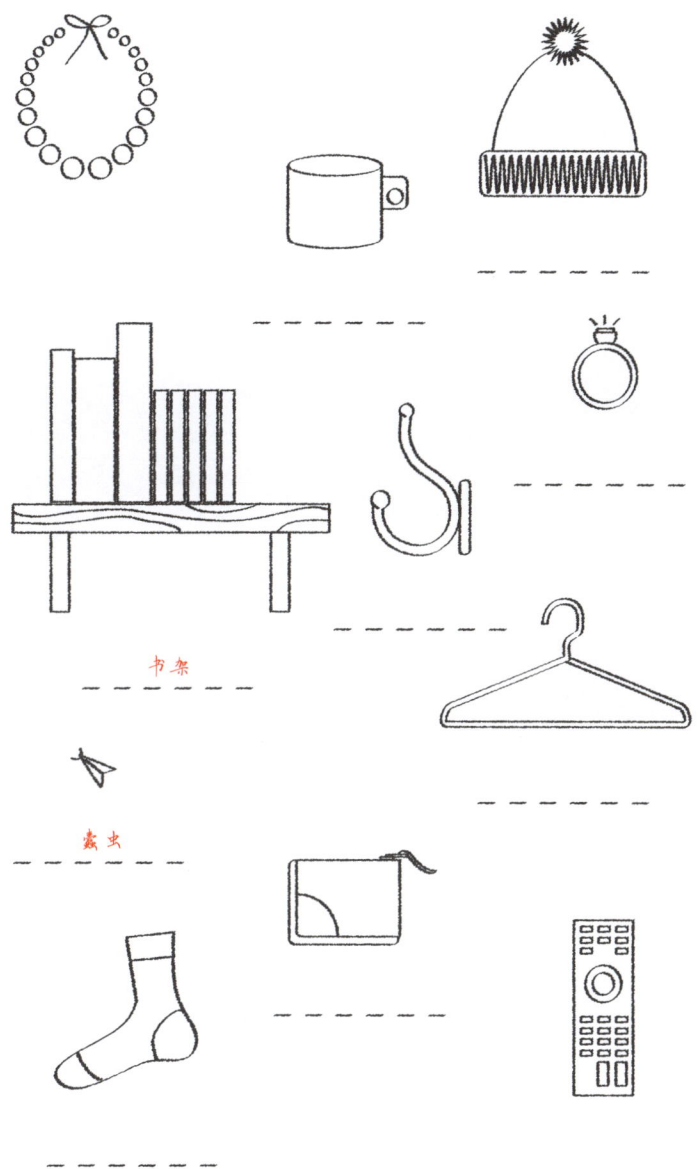

书架

蛾虫

我想学习的东西

在一张附有精美插图的页面上记录你的长期目标。

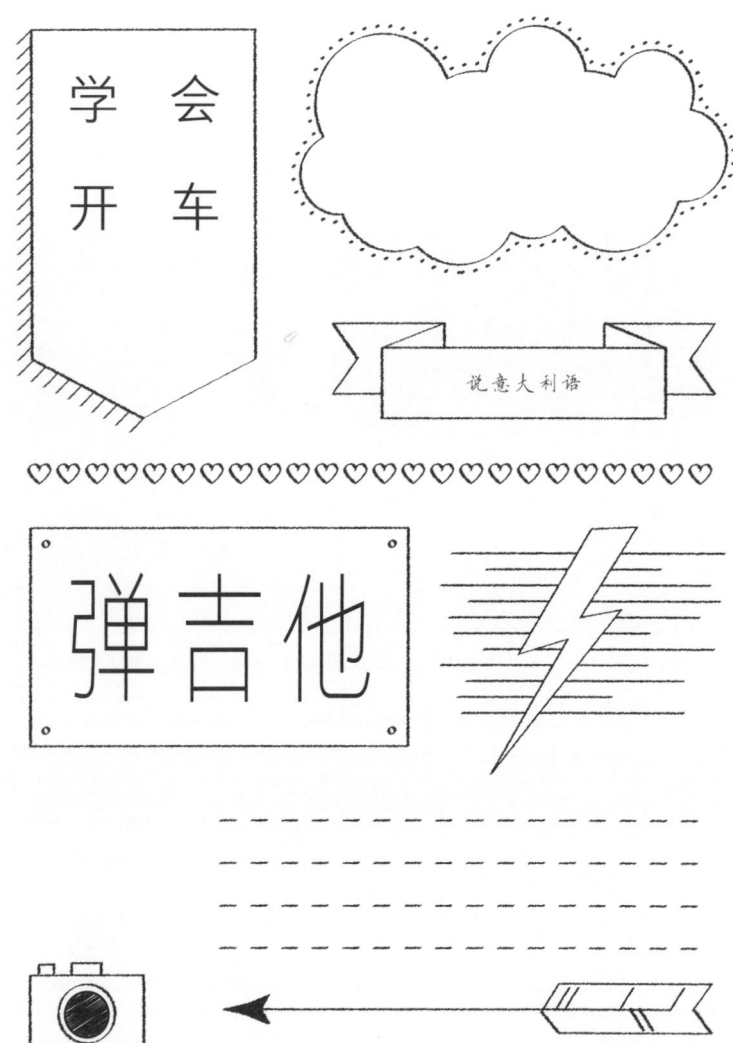

里程碑

想想你在工作中可以达到的可量化的目标,并记录这些目标。例如,如果你在运营一个社交媒体账号,你可能想要记录来自不同社交平台的追随者:

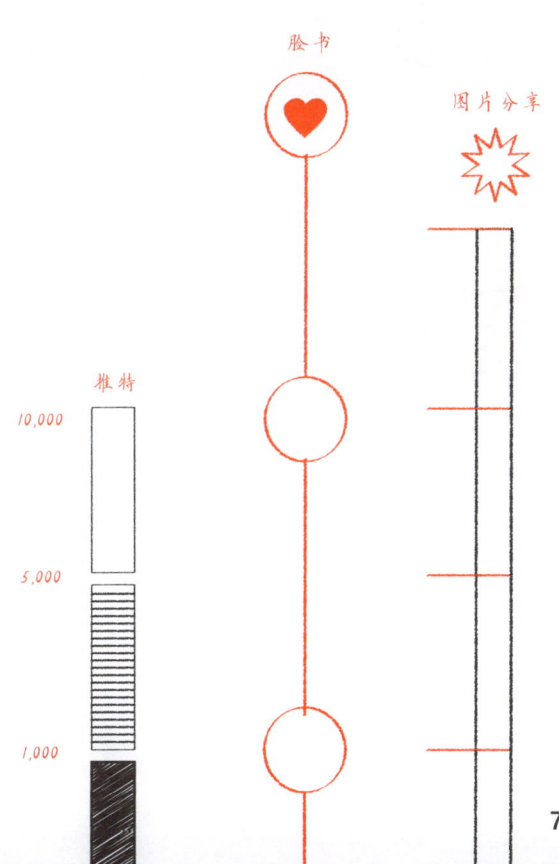

赞成与反对

你正面临一个艰难的决定吗?简单的方法往往是最好的方法:试着列出一个赞成/反对的清单。

工作成就

在每个工作日结束时,记下你达成的一项成就,无论这成就有多小。如果你有忽略自己成就的倾向,这些记录会特别有用。每月回顾这些成就,并建立一个主要成就的合集,以便在你需要增强自信心时进行回顾。这些在评职称和求职时可能会派上用场!

每月回顾

如果你不是每天都使用你的子弹笔记,那么每月回顾会给你提供反思的机会。

- 这个月有哪些事情进展顺利,为什么?
- 你如何才能维持或重复这些成就?
- 有哪些事情进展不顺利,为什么?
- 在这些方面你如何改进?
- 你是否实现了任何可量化的目标?

I dwell in possiblity

Emily Dickinson

（我居住于无限可能之中。—— 艾米莉·狄金森）

变得有创意 II

解决页面污渍

使用墨水笔可以让你的页面看起来精美专业，但是它们容易造成污渍。不要让你的辛苦工作因为重新开始而白白浪费——用污渍创作一幅素描。在此处进行练习吧：

横 幅

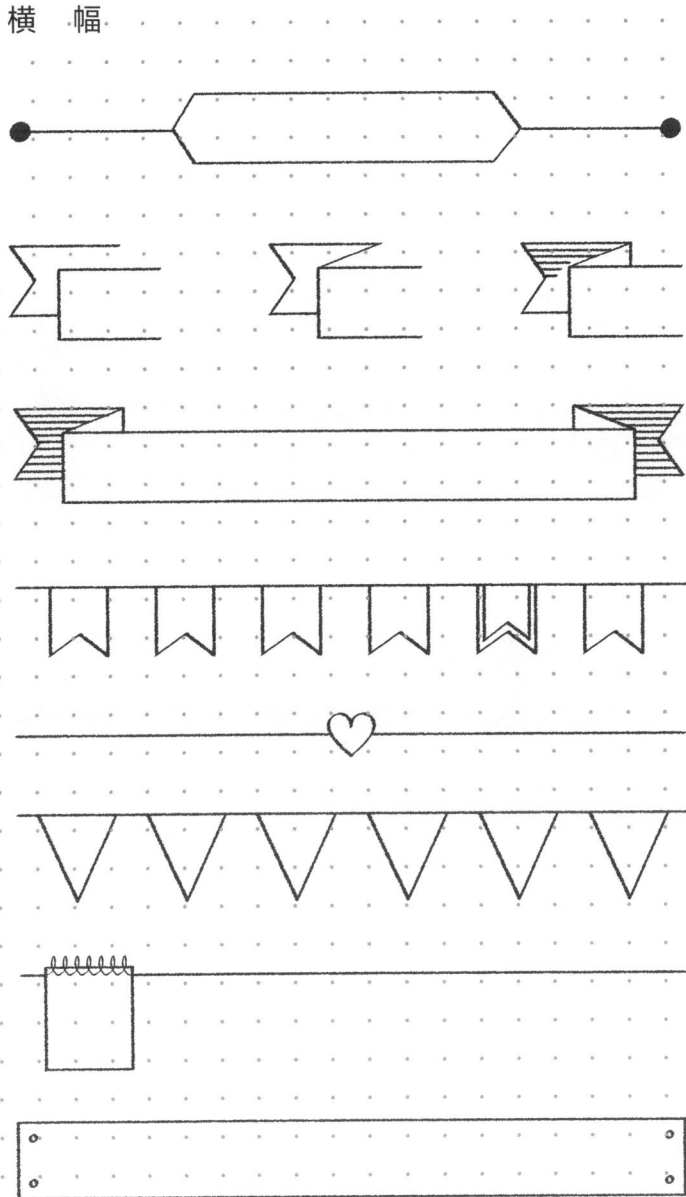

方 框

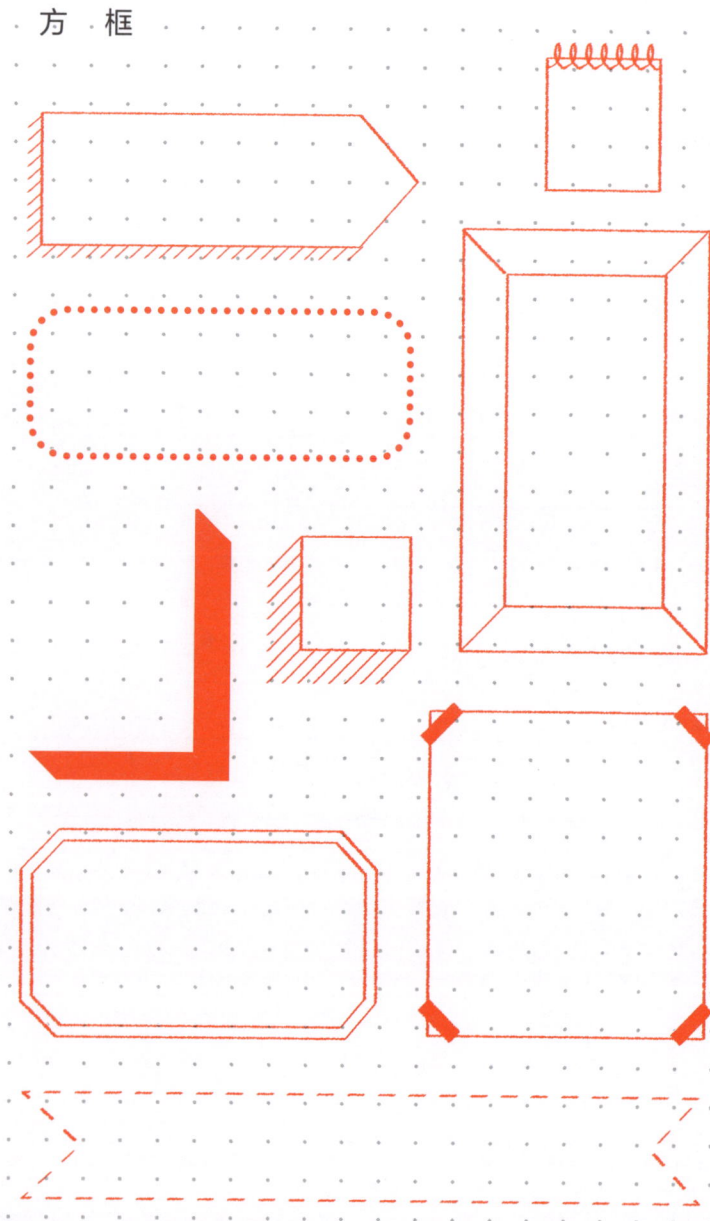

重影字

涂鸦——
如何绘制花朵

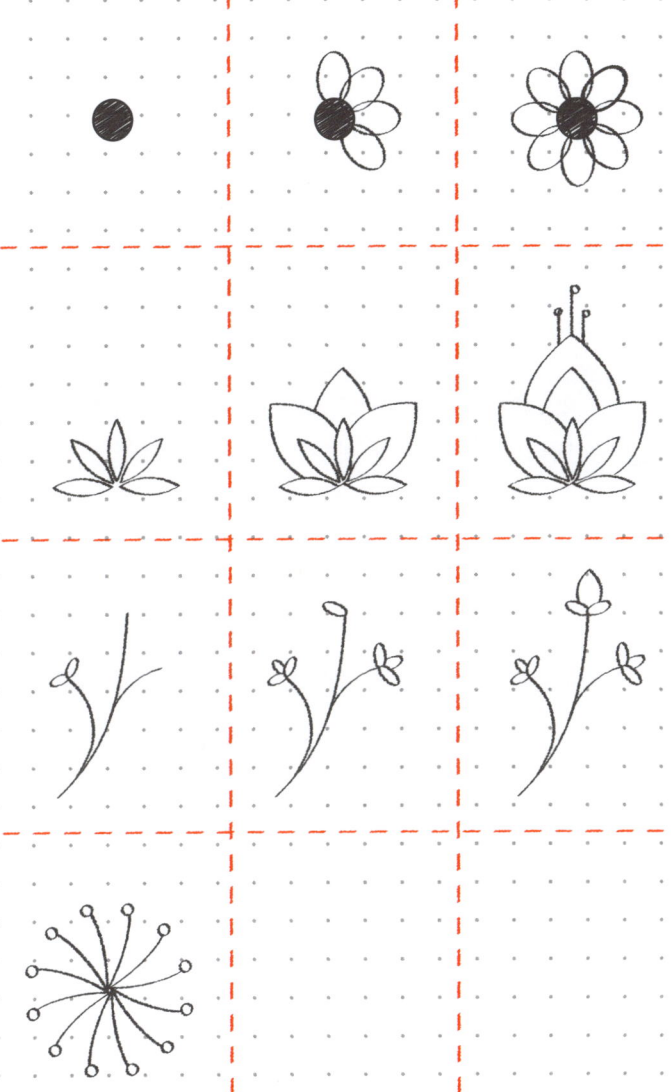

89

农 历

在网上很容易找到农历,可以在你的每日计划;每周计划或每月计划的页面上添加装饰元素。使用下面这些形状来追踪。

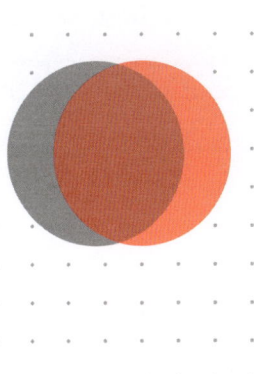

whatever satisfies the soul

IS

TRUTH

Walt Whitman

（能够满足灵魂的东西就是真理。——沃尔特·惠特曼）

照顾好你的身体

如今,似乎做任何事情都可以使用应用程序:记录你的睡眠、情绪、行走步数。这些应用程序都管用,也都令人满意,但是,要找到那个正确的应用程序来满足你所有的需求,会让你感到力不从心;而专注于统计数据,又会让你感觉有点太过冷静客观了。你的子弹笔记可以记录你的习惯,帮助你实现目标,并协助你确定自己的健康模式。

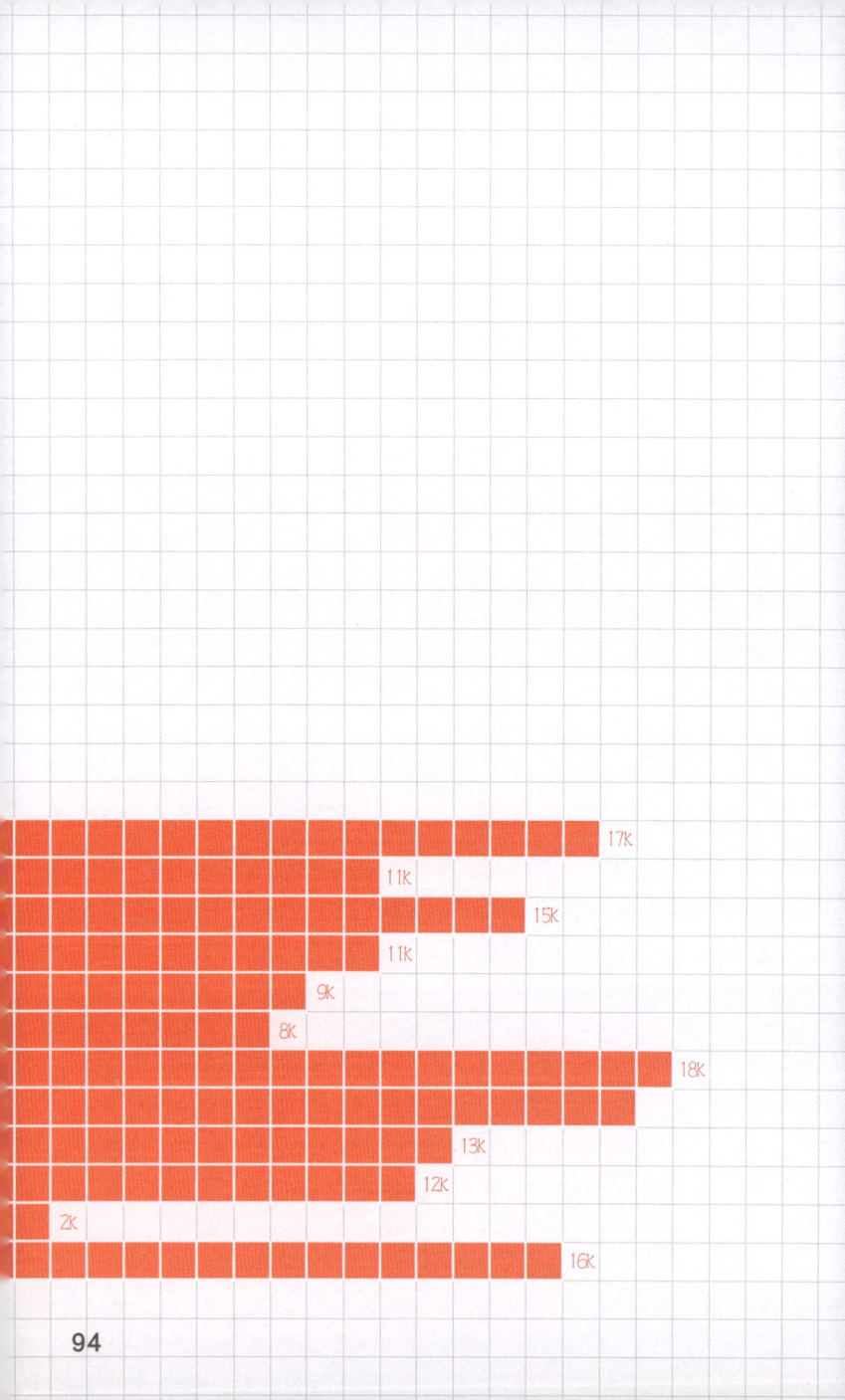

行走步数记录表

有多少次你本可以走楼梯,却去乘电梯或自动扶梯了?或者当你离目的地只有一站路的时候,你却跳上了一辆公共汽车?如果你想变得更活跃,首先就是多走路。使用计步器或应用程序在每天结束时简单记下你的步数。附带的评论将帮助你识别计步器背后的模式。或者,给你自己设定一个目标吧,并创建一个迷你日历来记录。

跑步吧！

在乡间跑步是很棒的体验，但是如果你居住在繁忙的都市中，就很难找到大片的绿地来跑步。下次你跑步的时候，试着抬头看看。你能看见什么树？创建一个简单的方框日历，每跑一天就画一棵树。当一个月结束的时候，你可能会有一棵树，一片树林或者一整片森林。

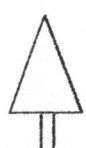

1-100 公里

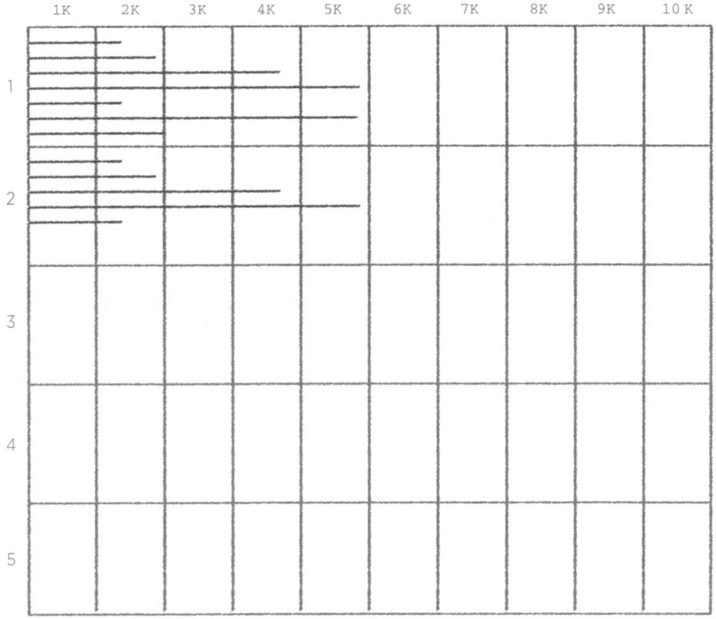

	1K	2K	3K	4K	5K	6K	7K	8K	9K	10K
1										
2										
3										
4										
5										

变 化

变得有创意！你还可以把什么变成记录表？

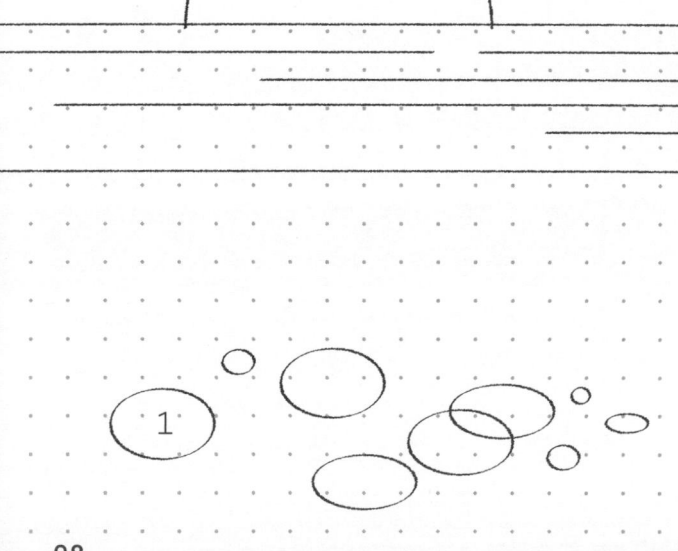

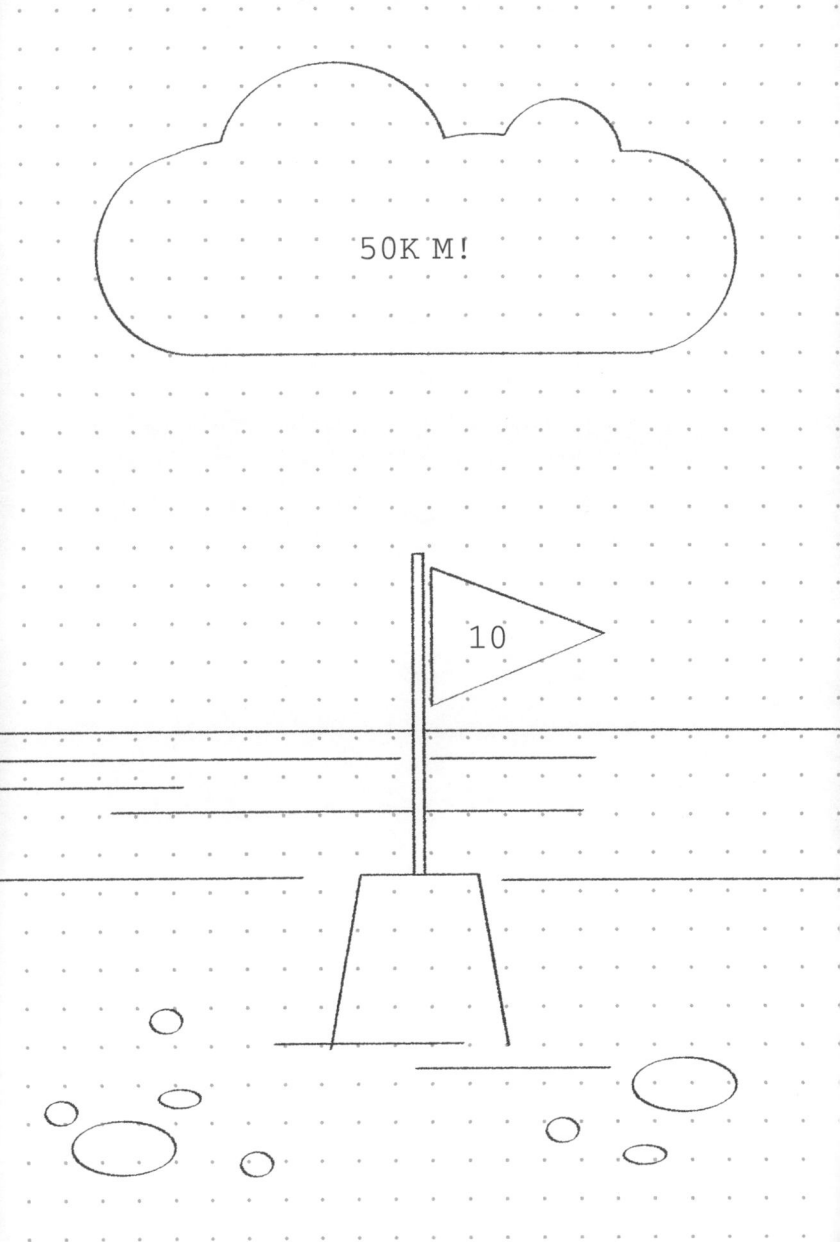

每周食谱

留出一些时间提前计划下一周吃什么,确保你永远不必到了晚上才想晚餐要做什么菜。

灵 感

列一张你想要的菜谱清单,记下你最喜欢浏览的网站上的菜谱和菜肴名称。用剪贴画或菜谱的复印本来装饰你的页面。

饮水记录表

通过每天的直观记录表记下你每天喝了多少水。

早餐

1
2
3
4
5
6
7

购物

_____
_____
_____
_____
_____
_____
_____
_____

正餐

星期一
星期二
星期三
星期四
星期五
星期六

减肥记录表

需要集中精力减肥或增重吗?当你减肥或者增重的时候,给与体重相关的每块踏脚石上涂上颜色,当你到达关键标记时奖励自己。

变　化

如果你每周写一页,想集中精力减肥或者增重,那么在每周开始和结束的时候,在一个单独的方框中写上你的体重或测量值。

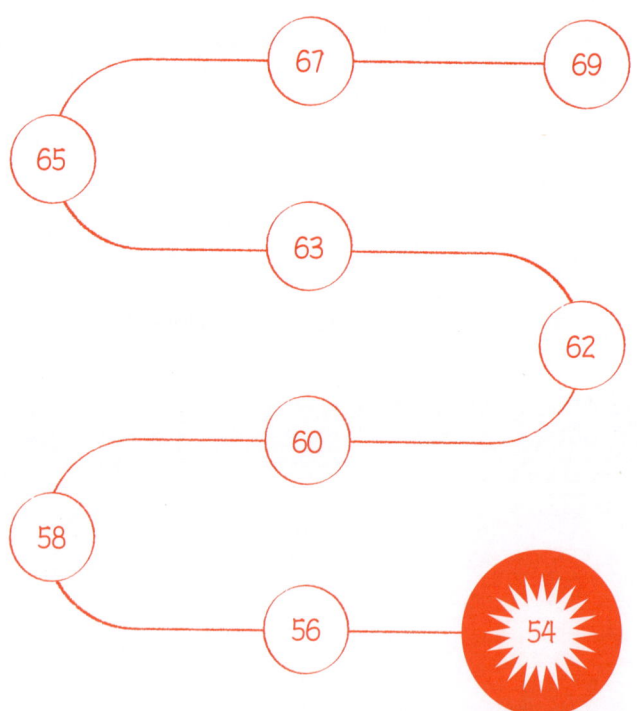

每月健身螺旋形记录表

如果你想知道自己一个月的运动量有多大,那么这一页就是为你准备的。由于这是你每个月都会用到的记录表,你应该尽可能让这个表格变得更漂亮更直观,使用彩色笔,在上面贴标签或者让它充满艺术气息,并通过图像描述你所做的运动。让它变得有趣、简单,不仅便于记录,而且便于回顾。

小贴士:把你每个月的健身记录表互相比较一下:你减少、增加或保持你的运动水平了吗?

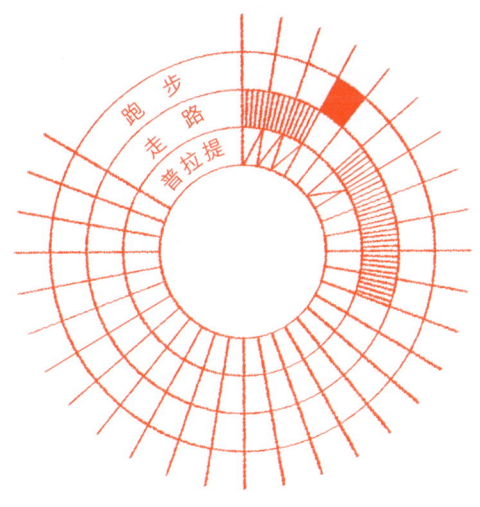

服用药物记录表

"我今天服过药了吗?"有时候我们总是会忘记服药,尤其是需要在一天中的不同时间服用不同的药时。不服药或重复服药很危险。如果你关心别人或者你的宠物服用药物的情况,这些记录表也很有用!服药时把所服用的药品名称划掉或者做记号。

M	T	W	T	F	S	S
● ○ ○						

每月睡眠记录表

用这个简单的睡眠记录表监控你的睡眠。留出空间,简单记下所有的影响因素。

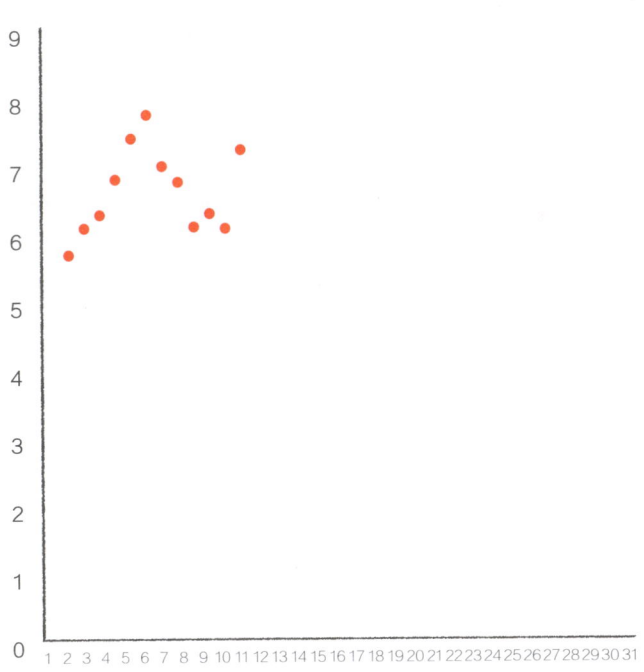

日期	饮酒类型	饮酒单位	影响
--/--/--		1 2 3 4 5 6 7 8 9 10 11 12 13 14 15 16 17 18 19 20	
--/--/--		1 2 3 4 5 6 7 8 9 10 11 12 13 14 15 16 17 18 19 20	
--/--/--		1 2 3 4 5 6 7 8 9 10 11 12 13 14 15 16 17 18 19 20	

酒精监控表

我们都知道,酒精的摄入量决定了你宿醉症状的严重程度,但是你喝的酒水质量和类型也会有影响吗?喝白葡萄酒会让你头疼得厉害吗?喝威士忌会让你的胃不舒服吗?还是说喝啤酒让你感觉良好?用你的子弹笔记记录你的宿醉症状,看看改变你的习惯是否会使结果有所不同。

- 画一张表,将顶轴分为四列。把每一列依次标记为:日期、饮酒类型、饮酒单位和宿醉症状

- 沿 Y 轴(纵轴)添加日期

- 一旦你整理了若干项信息,试着改变你的习惯,看看它们是否对你的感觉产生影响?

请注意:一定要理性饮酒!

水果和蔬菜记录表

对于我们一天应该吃多少水果和蔬菜，不同的国家有不同的标准，有些国家认为每天要吃的蔬菜多达十多种。把你认可的蔬果摄入量加入记录表中，或者，如果这对你来说很重要，就用下面的那张表，在每个正方形里画一幅所吃的食物的图像。

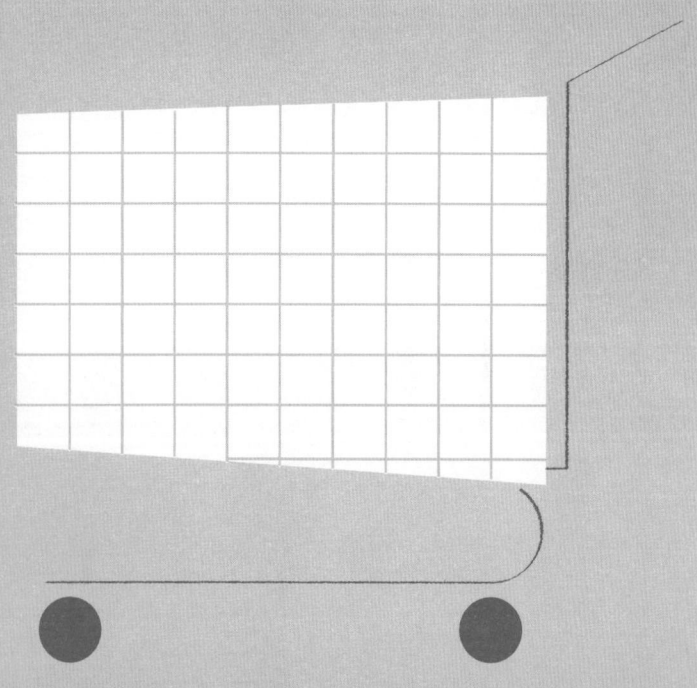

咖啡因记录表

用简单的统计图表来记录你的咖啡因摄入量,统计图表附在你的日常记录旁边,或者作为一个专用的记录表:

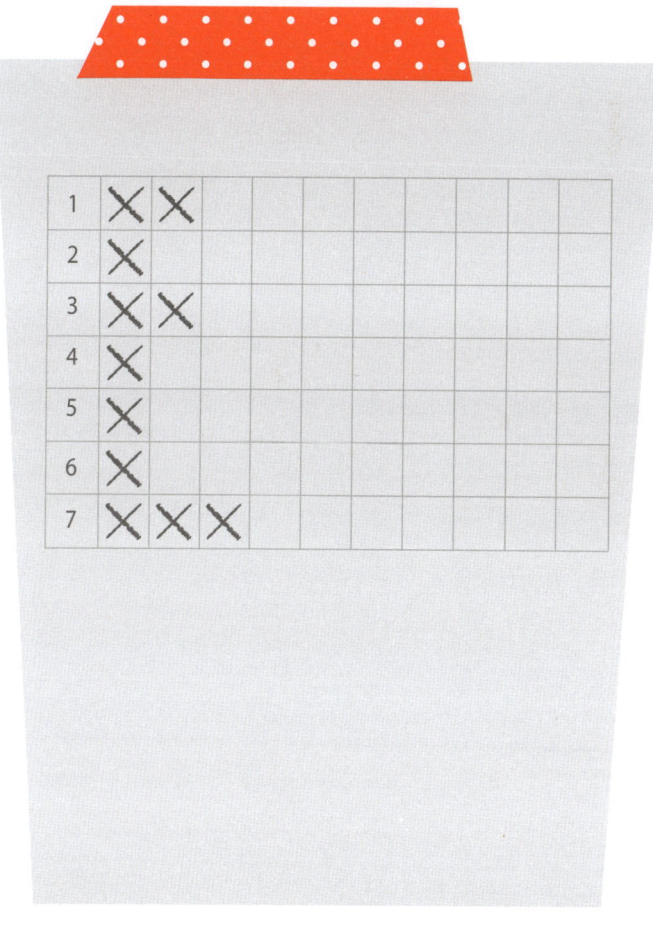

万物皆有关联

想要了解你的睡眠、情绪和习惯是如何相互关联的吗?专门用一页把它们记录下来,找出重复出现的模式。

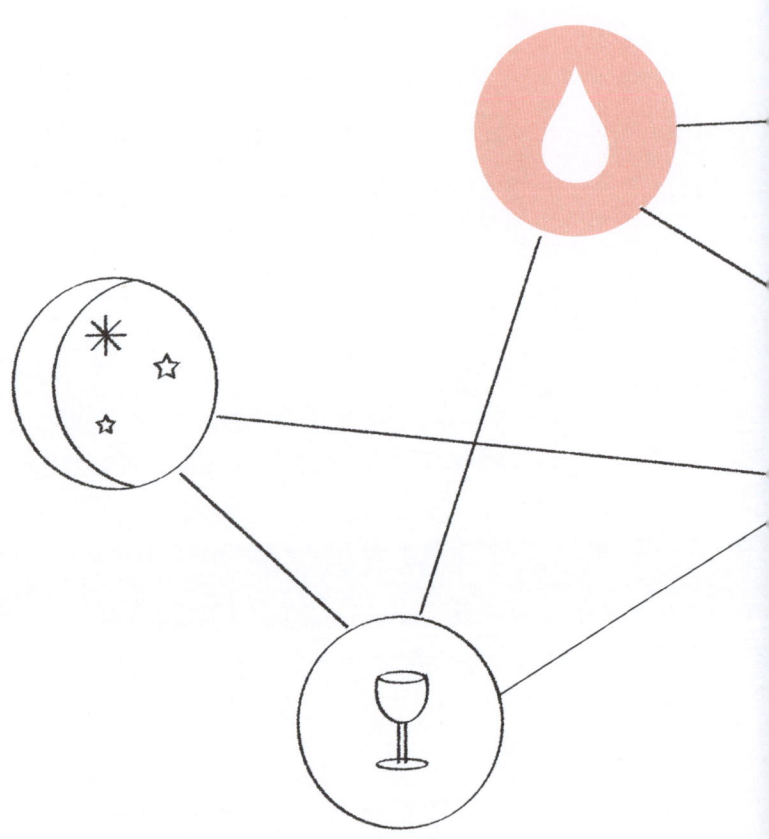

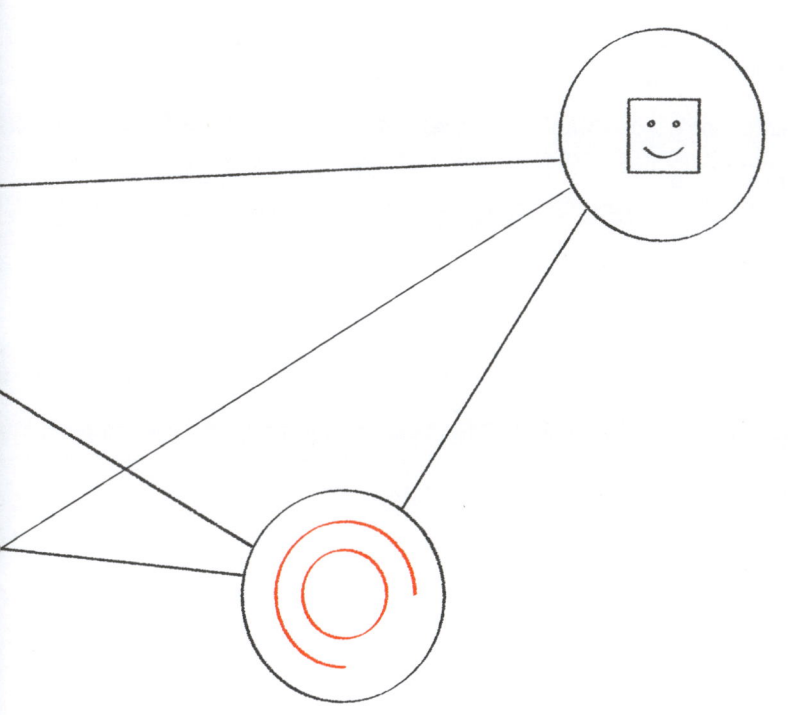

月经周期记录表

你的子弹笔记是记录你月经周期和相关事项的好地方。如果你想在一个特殊的时机（比如说假日）计划你的月经周期；如果你想生孩子从而想掌握自己的排卵期；或者你只是想特别留意你的月经周期，一个月经周期记录表会很有帮助。

你可以在你的月历中记录月经周期，也可以用一整页来记录全年的月经周期。

画一个网格，用 X 轴（横轴）表示月份，画出十二个横坐标表示十二个月；然后用 Y 轴（纵轴）表示天数，画出三十一个纵坐标表示三十一天。你可以在每个月的底部留出空间来记录任何模式或关注点。你能记的内容包括：

- 月经的开始日期和结束日期，以及月经周期的时长

- 何时开始/停止避孕（如果有关的话）

- 月经量少/多（也可用方框里的符号或颜色来反映）

- 情绪/身体症状（例如疼痛、腹胀、长斑点、恶心、抽筋以及情绪低落等）

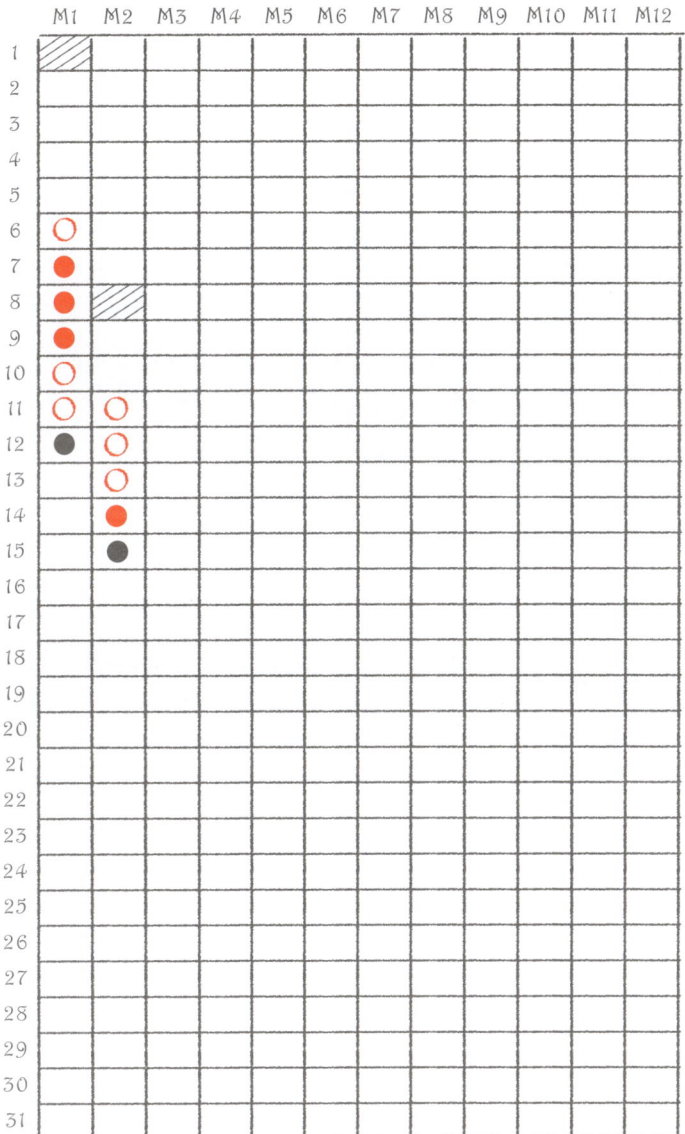

照顾好你的身体——
每月回顾

- 这个月有什么事情进展顺利,为什么?
- 你如何才能维持或重复这些成就?
- 有什么事情进展不顺利,为什么?
- 在这些方面你如何改进?
- 你是否实现了任何可量化的目标?
- 下个月的目标

变得有创意 III

使用颜色

尝试使用彩色铅笔、细线笔、荧光笔和凝胶笔来让你的笔记显得更加生动。合成色（例如橙色）与相近的原色（在本例中，与橙色相近的是黄色和红色）匹配会让人觉得色彩和谐。互补色（黄色和紫色，红色和绿色，蓝色和橙色）将使你的笔记受欢迎。其他的配色方案可以以淡雅柔和的色彩、金属色或荧光色为主色调。打印一个彩色转盘，贴在你的子弹笔记中以寻找灵感。

子弹的变化

拉伸字母

更多方框

Keep
a little
fire burning,
however small,
however
hidden.

Cormac MaCarthy

（让小小的火焰继续燃烧，不管它多微弱，多隐蔽。——科马克·麦卡锡）

呵护好你的心灵

你的心理健康和身体健康一样重要。几个世纪以来,人们一直习惯用日记记录思想和感情。你的子弹笔记可以作为日记,但它也可以提供一种更有效的方式来追踪你的情绪、想法和感觉。

把你的子弹笔记当作日记本使用

如果你选择把你的子弹笔记当作日记本使用,你可能想把日记与子弹笔记中的待办事项列表分开。如果不分开,可以让它们散落在其余的页面中,根据需要给它们加上索引。本章中的许多页面和活动可以被用作每日计划、每周计划或特别的日志提示。

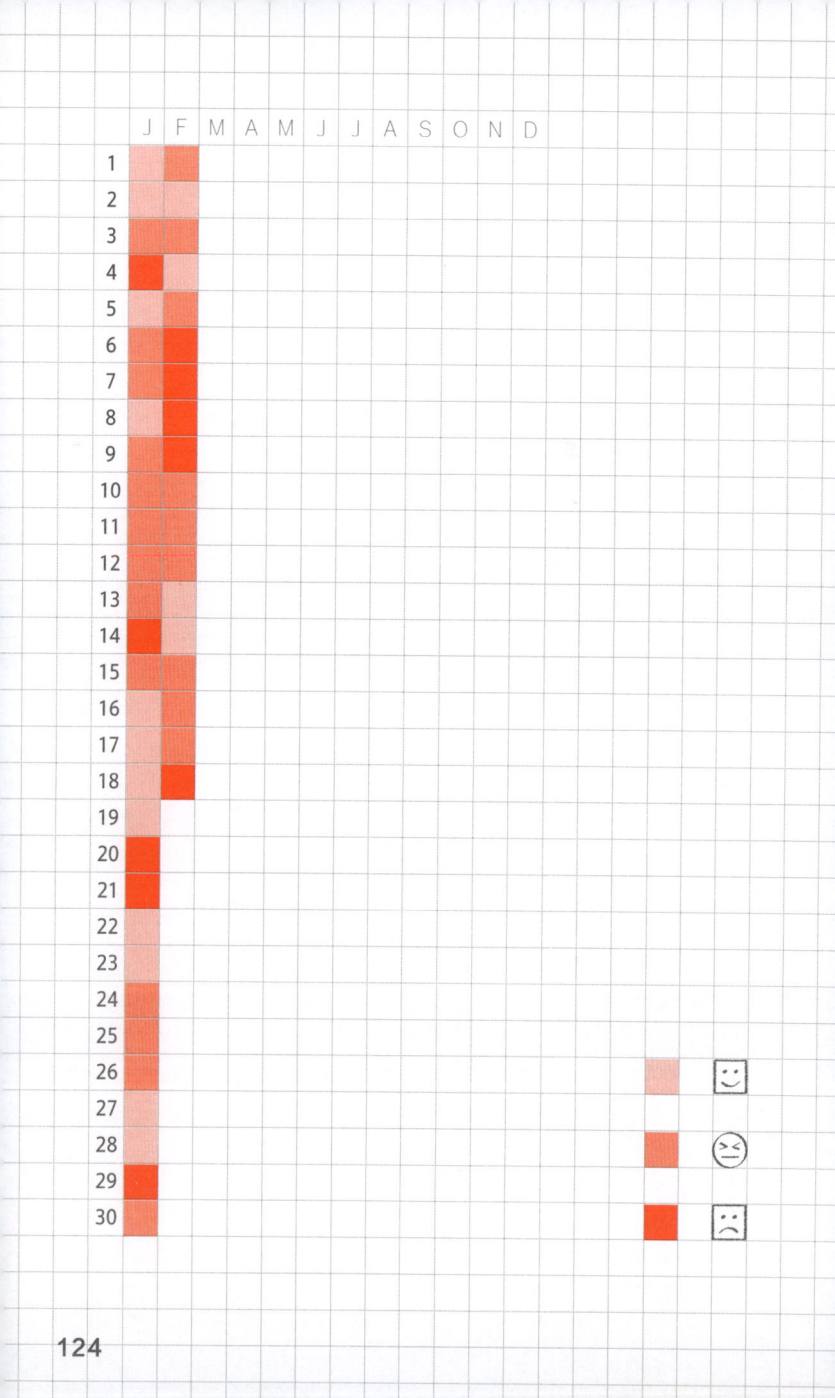

打上了马赛克的心情日志

用这个打上了马赛克的情绪记录表记录你一整年的情绪起伏。

情绪记录表

用这个记录表更细致入微地记录你的情绪。

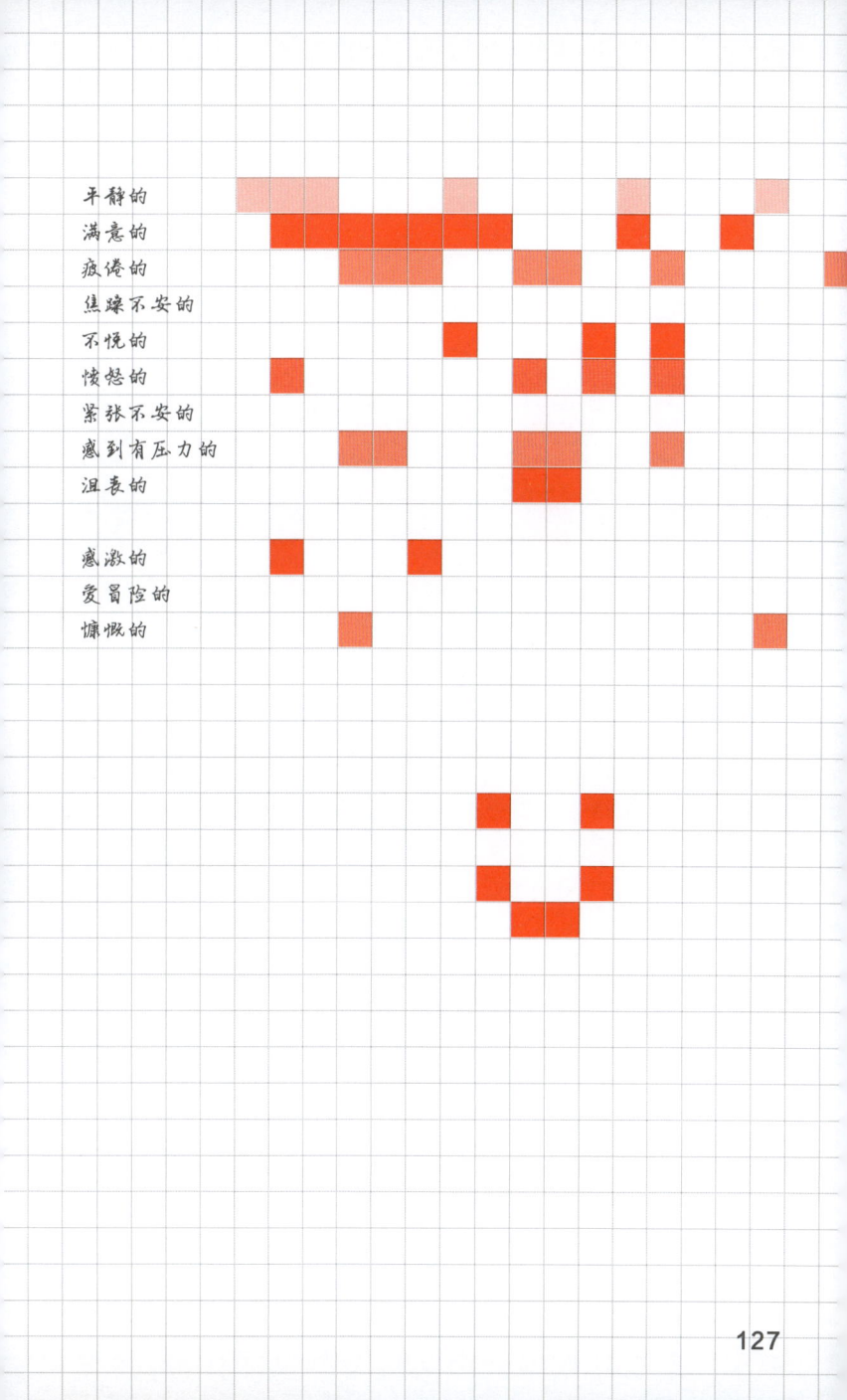

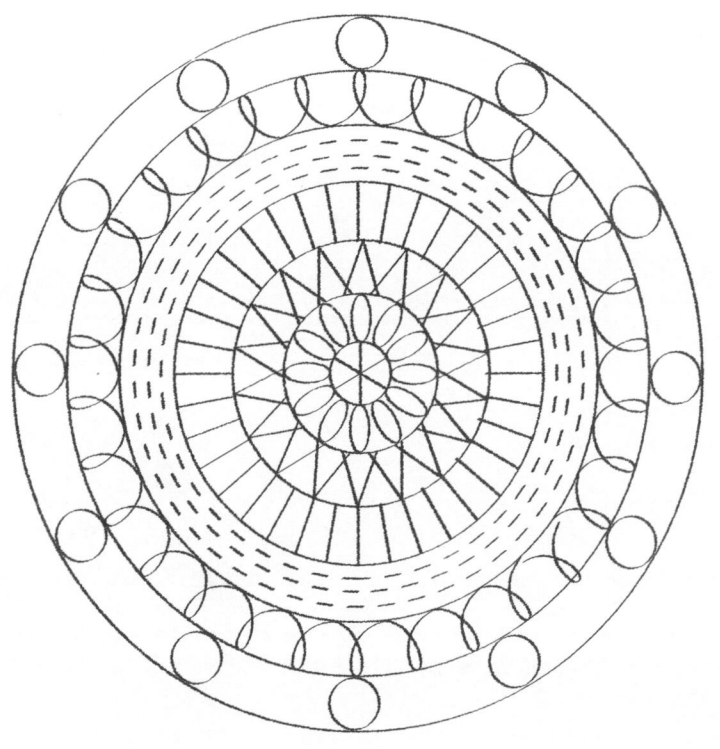

每周情绪曼陀罗涂色

创造一个情绪曼陀罗，做法是先画一个大圆圈，然后在里面画 6 个逐层缩小的同心圆，这样你最终会得到 7 个圆圈，每个圆圈代表一周中的一天。用禅绕画或当天的名字装饰各个圆圈。现在选择你的颜色，给每种情绪都配上不同的色彩。每天根据你的情绪涂上颜色，最后一周结束的时候，你会得到你每周情绪所呈现出的美丽曼陀罗！

变 化

- 将你画的同心圆分成三等份，以记录上午、下午和晚上你的情绪是如何变化的。

- 挑战你自己，坚持每月情绪曼陀罗涂色。

- 尝试创作出不同形状和模式的创意曼陀罗。使用本书中"变得有创意"的部分获得灵感。

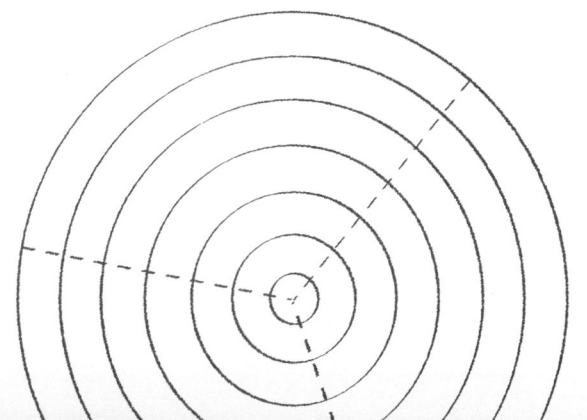

A-Z 的自我描述

用字母表中每个字母开头想一个英文单词，来描述你自己。

i	j	k	l	m
		K 热心的		

r	s	t	u	v

a	b	c	d
		C 考虑周到的	
e	f	g	h
n	o 做事有条理的	p	q
w	x	y	z

做得更好,如果……

事情不可能总是一帆风顺。花点时间自我反省,记下你可以做得更好的事,以及你可以采取什么具体行动来提升自己。试着不要太消极或对自己太苛刻,把这些看成是积极的、实际的步骤,努力成为最好的自己。

什么让我快乐?

如果你曾经发现自己处于真正的恐惧之中,你可能会很难记住任何快乐的事。把清单留在这里,这样就可以提醒你自己了。

宣泄愤怒的页面

生活难免有不如意的时候,当你觉得难以承受的时候,在你的子弹笔记中用专门的页面来发泄一下。不管是讨厌的兄弟姐妹、爱管闲事的邻居,还是没用的政治家、糟糕的天气……没什么大不了的,但也别忽视这些愤怒,无论它如何微小。正像老话说的那样——"发泄出来总比胸口憋着一口气好"。

你可以每个月写一页,也可以每隔一段时间写一页,这取决于你有多少内心的愤怒需要宣泄!

设定目标

通过设定你的每日目标、每周目标或每月目标来集中注意力。花点时间,用文字、颜色或装饰使这一目标在这一页上引人注目。

积极的人

列出那些一直让你感到最快乐、最有创造力、最美丽的人。那些让你笑得最多、让你充满喜悦和饱受鼓舞的人。一定要定期和这些人在一起——无论是每天谈话、每周打电话,还是每月跟他们共进晚餐。

今天最棒的事

如果你觉得很难想出你想感恩的事情,那么每天晚上问问你自己:我一天中最美好的时光是什么?把它添加到你的每日清单中,或者单独写一页,这样你就可以回忆你快乐的时光了。

每月记忆

每月月底花点时间回顾一下所发生的重要事件,不管好的还是坏的。如果这个月的时事对你有影响,你可能想把它们和你的个人记忆放在一起。首先在页面正中央写上月份,然后写上关于每个月的记忆,也许还可以附上一张照片。

感恩合集

每天花点时间去认识你生命中所有美好的事物。

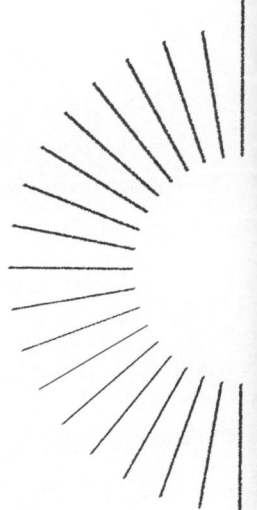

我的花园

出色的工作

我爱我的朋友们

阳光下的伦敦

早晨的咖啡

了解同事们

公园

解决方案记录表

如果有一个简单的解决方案,你想对它做一年以上的记录,使用这个记录表去检查你的进展就能一目了然。

	一月				二月				三月		
♥	♥	♥	♥	♥	♥						
	♥	♥	♥	♥	♥						
♥											

	四月			五月			六月	

	七月			八月			九月	

	十月			十一月			十二月	

预支爱心

这里有一个简单的方法让世界变得更美好。记录别人对你展现的一点一滴的善意,不管是让你先上公共汽车、在课堂或会议上支持你,还是请你吃午饭。承诺在生活中对他人的善意进行回报,也以善意对待其他人。

给 予

善良的好处多多,从你的情感到心血管和神经系统健康都有益。1979年,心理学家在一项调查后发现慈善机构的志愿者感到更快乐后,首次创造了"助人者"这个词。

所以,如果你在为慈善机构筹集善款,把它记录在你的子弹笔记里。你可以监控每月、每周或每年的目标以及实际的任务,比如建立一个公正的捐赠页面和你将赞助谁的清单。

好消息故事挑战赛

让我们面对现实吧:最近的新闻有点像垃圾桶着火了。如果你对现状感到沮丧,为什么不在你的子弹笔记上专门用一页来关注一些发生在你周围的正面新闻呢?本地的和全球的都可以。无论发生什么,总会有人在火车上给老人让座、从树上救下猫、进行久违的家庭团聚……无论是什么让你对世界心存希望,请在这里记下来吧。

好消息

儿童死亡率下降了

老虎数量正在增长 | 臭氧层正在自我修复

连续四天,葡萄牙完全依靠可再生能源运转

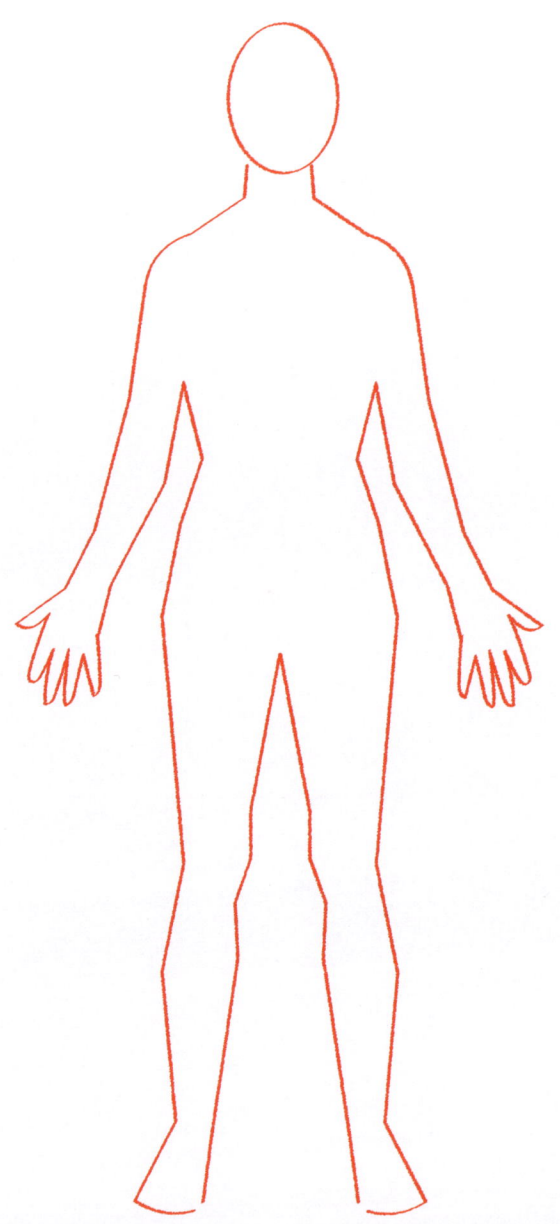

身体扫描

如果你感到有压力或焦虑,闭上眼睛,注意身体的每个部位,注意(但不要总想着)任何紧张、不适或疼痛。把这些记录在身体结构图上。用瑜伽练习或自我按摩来解决任何反复出现的问题。(记录简单的身体轮廓。此文本甚至可以出现在身体轮廓图中!)

忧虑日记

通过把你的忧虑写在纸上和解决问题来减少焦虑。你很快就会找到一个解决方案,或者意识到你根本不需要有压力。

日期	形势	忧虑	焦虑

解决方案?

忧虑修复程序

你的担心或者问题有实际的解决方案吗？这些解决方案的优点或者缺点是什么？

你打算实施哪种解决方案？以及如何实施？

进行得怎么样了？

照顾自己

在我们这个紧张忙碌的世界里，工作、新闻和他人的需要很容易让人偏离正轨，所以照顾好自己是非常重要的。照顾自己对你的身心健康都至关重要，要确保你足够强壮，能够承受任何一天、一周、一月、一年的压力。

你的子弹笔记不仅能记录什么让你感觉良好，也能记录你的好习惯。照顾自己的方式因人而异，但这里有一些想法可以帮助你开始。

小贴士： 如果你有时不能完成计划中的任务，不要自责。自我照顾是一种积极的行动，不应该成为焦虑的另一个来源。

- 做一些纯粹专注于你自身的事情——去画廊、在游泳池里游泳、看一部你一直想看的电影。
- 花五分钟安静下来,立刻就做。
- 更换床单。
- 在上下班的路上,留心世间五件积极的事情。
- 在社交媒体中屏蔽或删除那些消极的人。
- 到大自然中去——午餐时间坐在公园里或沿着运河散步。
- 做一个小小的装饰。
- 修补那些让你烦恼的东西——例如坏掉的灯泡、外套上的扣子。
- 走另一条路去上班。
- 打开窗户。
- 称赞他人。
- 写下你收到的赞美。
- 做一次身体扫描,找出所有的小毛病。
- 花两分钟记录你的呼吸。
- 专心做一项日常活动——例如刷牙、系鞋带。
- 帮助陌生人。

呵护你的心灵——
每月回顾

你呵护心灵的方式可能每个月都有变化。不要害怕尝试那些不同的东西或者放弃一些对你不起作用的东西。

变得有创意 IV

It is never too late to be what you might have been

Emily Dickinson

（去成为你本该成为的人，任何时候都不算晚。——艾米莉·狄金森）

更多涂鸦

挑战每天涂鸦

每天涂鸦，以提高你的绘画技巧。

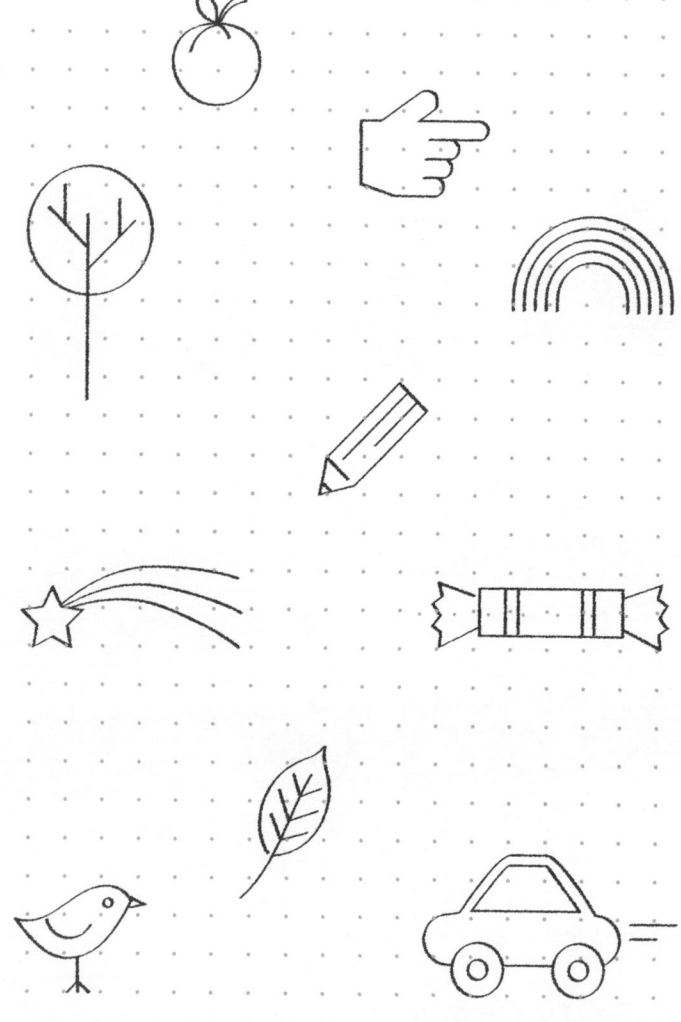

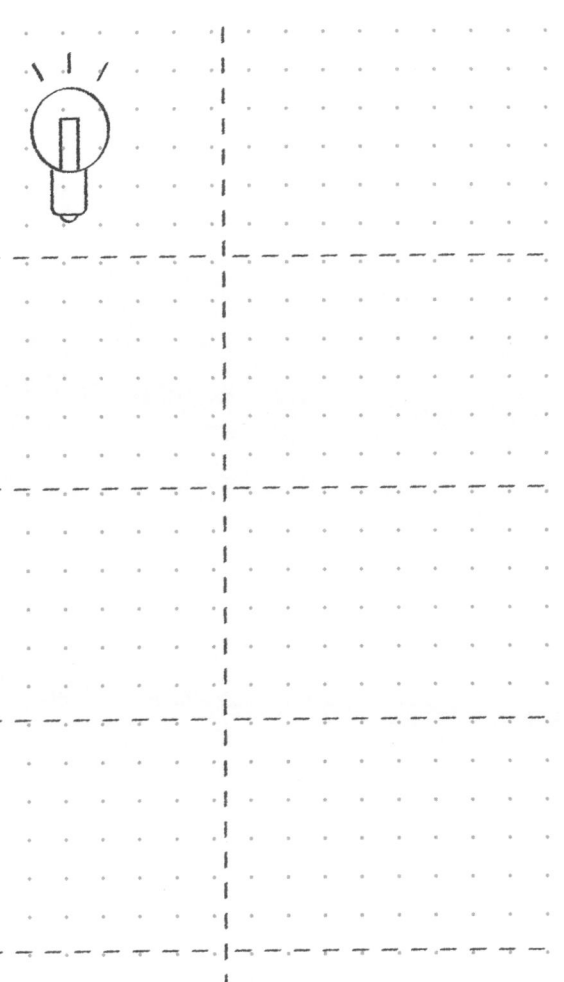

拉长你的字母.

ABCDEFGHIJKLM
NOPQRSTUVWXYZ

---

abcdefghijklmno
pqrstuvwxyz

1234567890
!?/""%()

标题

DANCE FIRST

THINK LATER

Samuel Beckett

（先跳舞，再思考。——塞缪尔·贝克特）

计划有序的娱乐

每个人都喜欢列清单!在这个部分,你有许多方法追踪你的兴趣和爱好。

填色地图

在你的书上画一张地图，每到一个国家，就把所到之处涂上颜色。

假日策划者

钱

我每天需要多少钱？

旅行津贴　_____

住宿　_____

食品与饮料　_____

活动　_____

购物　_____

每天花多少　_____

天数　_____

总金额 £　_____

外汇已购买　☐

银行卡已整理　☐

银行已知晓　☐

航班

确认了吗？　_____

确认编号　_____

出境旅行

出发机场　_____

航站楼　_____

航班号　_____

办理登机的时间　_____

飞机起飞时间　_____

到达机场　_____

航站楼　_____

回程

出发机场　_____

航站楼　_____

航班号　_____

办理登机的时间　_____

飞机起飞时间　_____

到达机场　_____

航站楼　_____

住宿

已确认　☐

已支付　☐

地址

_____

_____

_____

联系电话　_____

装备检查表

- [ ] 护照
- [ ] 所需文件：签证、旅行保险、医疗保险卡

- [ ] 现金和银行卡
- [ ] 鞋子：凉鞋、运动鞋、正装鞋
- [ ] 衣服：夹克、雨衣、短裤、裤子、上衣、内衣、衬衫

- [ ] 电子产品：iPad、iPhone、笔记本电脑、照相机、耳机、适配器和充电器
- [ ] 梳子
- [ ] 笔记本／笔
- [ ] 牙刷
- [ ] 洗漱用品：洗发水、护发素、沐浴露
- [ ] 迷你急救包：膏药、止痛药、抗组胺药和腹泻药

- [ ] 太阳镜、隐形眼镜／护理液
- [ ] 防晒霜
- [ ] 游泳衣
- [ ] 化妆品
- [ ] 书籍
- [ ] 剃须刀

在阳光明媚的日子里做的事情

哇,阳光灿烂!为了确保你能充分利用好天气,在天气正常的时候,为什么不用你的笔记把你想做的事情记录下来呢?

- 坐在公园里,看看你身边的世间万物
- 请你的朋友们来烧烤
- 骑上自行车,探索城市中你以前从未去过的地方
- 找一个安静的地方,在阳光下看书
- 吃冰激凌!
- 搞一次车库甩卖来赚点外快
- 去海里或室外游泳池游泳
- 和朋友们组织一次野餐
- 找一个户外瑜伽班

在下雨天做的事情

你拉开窗帘,准备开始新的一天,然后……发现正在下雨。用创意填满你的子弹笔记吧,这样你就不会被困在屋里无所事事了。

室内活动(成人):
- 你想做的编织、缝纫、花样钩针
- 准备好沐浴所需的所有材料,洗个澡放松一下
- 自制一些美容偏方
- 赶紧补看那些你之前想看的电影
- 从你要读的那堆书开始阅读
- 做些五颜六色的蛋糕以抵消阴暗天气带来的低落情绪

室内活动(孩子):
- 手指画
- 蝴蝶图片
- 建一个进行秘密活动的场所
- 演戏

户外活动
- 去电影院等坏天气过去
- 参观博物馆或美术馆
- 去公园散步,在水洼里戏水
- 去室内游泳池,而不是在室外把头发弄湿!

下雪天要做的事

外面天寒地冻,所有的交通都瘫痪了。使用你的子弹笔记是一种很好的方式,能确保你不会得幽居症。

室内活动(成人):
- 观看节日电影
- 利用这段时间为即将到来的特殊场合做礼物或卡片
- 如果一个冬季节日即将来临,为什么不计划一下你要做什么好吃的来庆祝节日呢?
- 做一杯非常美味的热巧克力
- 把最近你最喜欢的照片或相册放在一起

有趣的室内活动(儿童):
- 做些冰镇的饼干/蛋糕以反映外面的天气!
- 准备好足够的棉绒、卡片和胶水,做雪人卡片
- 做些雪花纸链

户外活动
- 去堆雪人吧
- 和你的邻居们打雪仗
- 做雪天使

在我的住所要做的事情

周末有空吗?不知道怎么用?把新的旅游景点和你最喜欢、最常去的地方列一张清单。你可以把你的清单按类别分类(例如:酒吧漫步、公园、博物馆、咖啡馆)。

阅 读

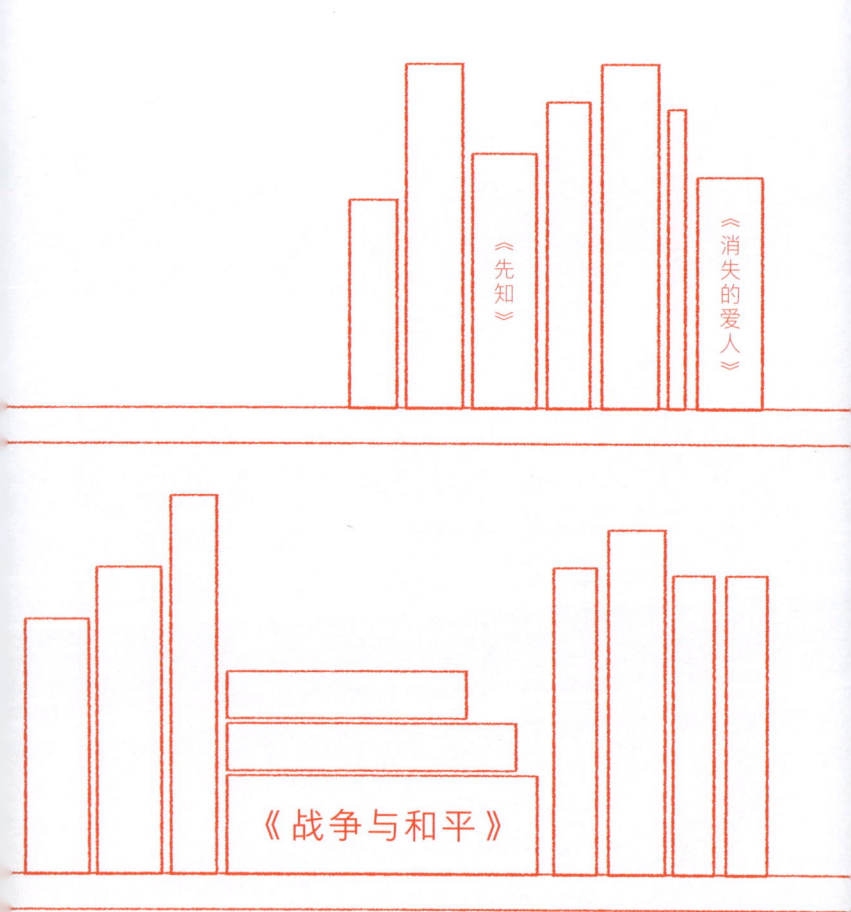

图书阅读评级系统

记录你每年读了多少本书很有趣,可以让你看到自己的阅读习惯是如何在12个月内改变的。 然而,你可能想要在一个与你的"阅读"列表完全分开的页面上设置一个评分系统,它可以让你轻松地挑出你最喜欢的书(并且避免那些质量低劣的书!)以便你给朋友们推荐一些很棒的书。

- 把你的页面分成两半

- 在左边,用钢笔在页面中央画几行线。确保行距约为1厘米,因为你将在每一行写上书名。

- 在右边的"列"中,在你刚刚画的每条线旁边,在页面右边留出的空白处画五个小圆圈。 现在,一旦你写好了书名,就可以根据你的评分给小圆圈涂上颜色了。1个圈代表非常差、不推荐,5个圈代表精彩绝伦、无与伦比。如果你还没读完一本书,就请不要给小圆圈涂色。

《渺小一生》

图书评价

如果你认真对待你的阅读,那么你可能需要用几页的篇幅来写迷你读书报告,持续地进行评估

标题　　　　　　　　　　　副标题

体裁　　　　　　　　　　　作者

作者简介

评级　　　　　　　　○ ○ ○ ○ ○

我喜欢　　　　　　　　　　人物

我不喜欢　　　　　　　　　背景

备注

系列电影或剧集记录表

你迷恋《哈利·波特》《饥饿的游戏》、"迪斯尼系列",还是《黑暗物质》《千禧系列》《侠探杰克》《甜蜜高谷》呢?为什么不使用你的子弹笔记来记录你的观看进度,并确保你不会错过最新发布的影片呢?

已发布   已开始/已结束

标题   电影上映

评论   最喜欢的角色
                               情节点

                               重要的爱情故事

                               值得注意的死亡

电影观看评级系统

无论你的口味是喜欢秀肌肉的动作片、傻乎乎的本·斯蒂勒的喜剧还是令人大开眼界的纪录片,你都可以使用与你的图书记录表相同的系统来对你看的电影进行评分,这样当颁奖季来临的时候,你就可以决定你的年度最佳影片是哪部。

从一个关键概念开始解释你的评级系统。一颗星代表"真的很糟糕",五颗星代表"很乐意再看一遍"或者"愿意推荐"。

你可以把相关细节写在这页上,例如你在哪里看过这部电影〔在那个有红色天鹅绒沙发的独立影院?网飞(Netflix)在线观看?〕以及你和谁一起看的(一个朋友、前任情人、还是你自己一个人?)你还可以将电影票存根粘到或订到此页上。

要看的电影

用这个电影胶片式的列表记录你想看的电影。

用尺子画两条相距约 5 厘米的竖线。在竖线内侧以 5 毫米的短线画成虚线。每隔 3 厘米画一条加粗的横线。加上电影胶片片孔,你就准备好了,可以开始记你想看的电影名单了。你可能想给尚未上映的电影添加上映日期。

在看电影的过程中,增加你的评级。

B级片
10/10

《爱乐之城》
6/10

《下女诱罪》
00/00/00

盒装式记录表

如果你想看系列影视节目，可以用盒装式记录表标记追踪你看到了哪一集。

变 化

想再看一遍你以前最喜欢的节目吗？为被观看过的每一集打上色标或添加额外的破折号。标出最喜欢的那几集。

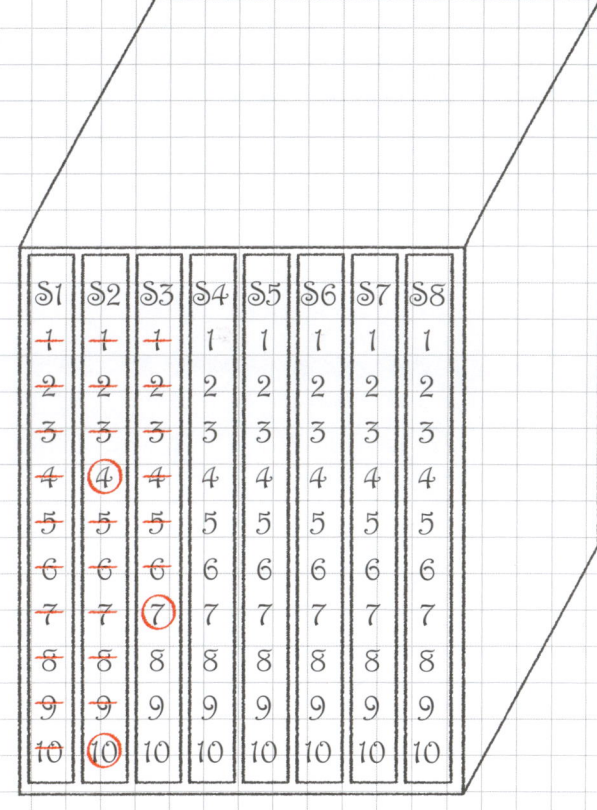

	1	2	3	4	5	6	7	8	9	10	11	12	13	14
系列	O	O	O	O	O	O	O	O						
人造							O							O
隐形	O						O							
放射性同位素实验室												O		
无法解释										O				
在我们这个时代	O						O							
罪恶的女权主义者	O						O							
修正主义者的历史	O						O							

播客计划表

听了这么多播客,你都记不住了?
用这个每月表格提前计划吧:

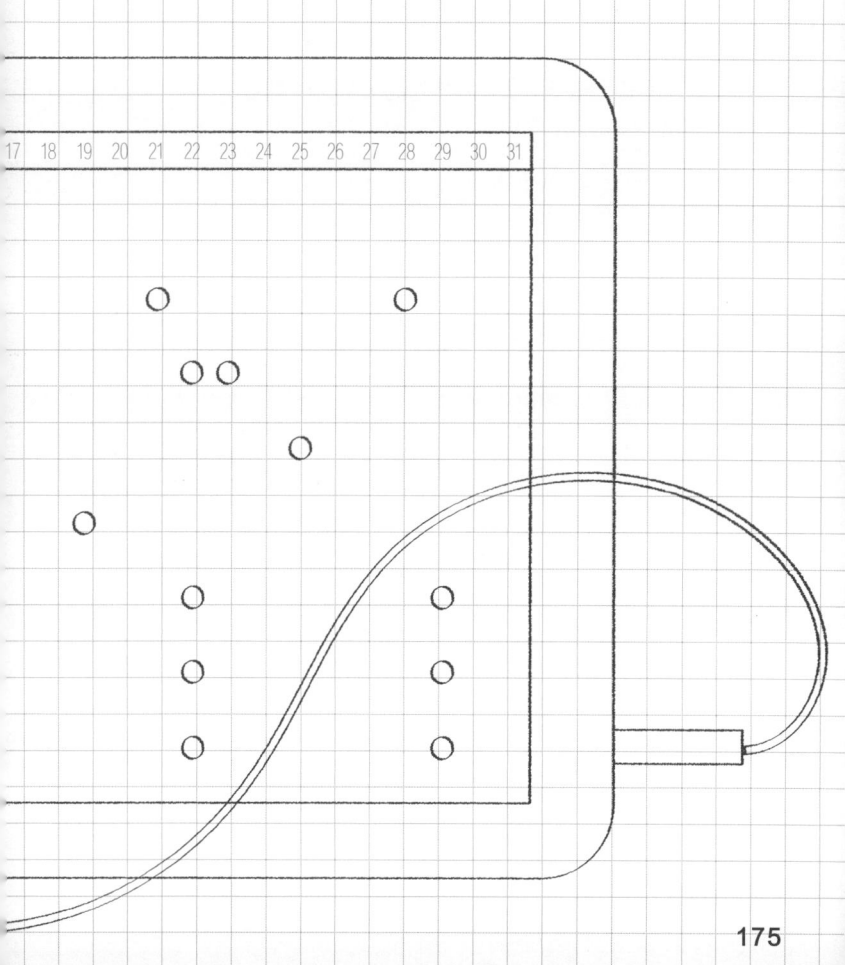

活动策划

你的子弹笔记是计划派对的完美工具。为必需品、地点、客人名单和预算分别设立专门的页面。这里有一些提示可以帮助你开始。

要 点

饮食服务
- 你想要什么样的食物和饮料:
- 哪些人参与:
- 人均预算:
- 被选定的餐饮服务提供商:
- 最终确认的截止日期:

蛋糕
- 首选风味:
- 个性化定制:
- 订单截止日期:
- 收款期限:

主题
- 要穿符合主题的服装吗?
- 颜色如何搭配?
- 需要装饰品吗?

时间
- 客人到达时间:
- 需要娱乐吗?
- 娱乐预算:
- 娱乐预定截止日期:
- 演讲?

场　地

首先,确定你有哪些要求。一旦确定要求,就可以准备选择地点,创建一个清单,看看选项中哪一个最适合你的标准。

能容纳多少人　　　　　　　　　　　　　位置

— — — — — — — —

室外空间　　☐　— — — — —
酒吧　　　　☐　— — — — —
餐饮设施　　☐　— — — — —
音响设备　　☐　— — — — —

来宾列表
在页面左下侧,列出你想要邀请的客人的名单,然后在顶部写出 4 个标题,并在每个部分之间画出分界线。

来宾 / 保存已发送的日期 / 邀请已发送 / 请柬回复确认是否参加

预　算

把这一页分成三个部分。第一栏应该列出聚会所需要的所有东西,第二栏应该写入估算的成本,最后一栏应留有空间,以便确认实际成本。

在页面的底部,你应该清点估算的成本和实际的成本,每次你把实际成本放进去的时候都要更新。这将使你轻松地看到是否在一件事上超出了预算,因此决定你是否需要在其他方面少花点钱。

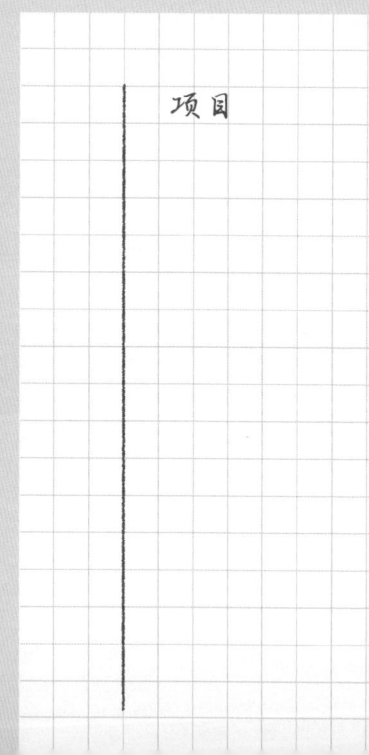

项目

预计费用	实际花费

棋牌游戏

如果你是棋牌游戏爱好者,把你想玩的游戏记下来,并给它们评级!

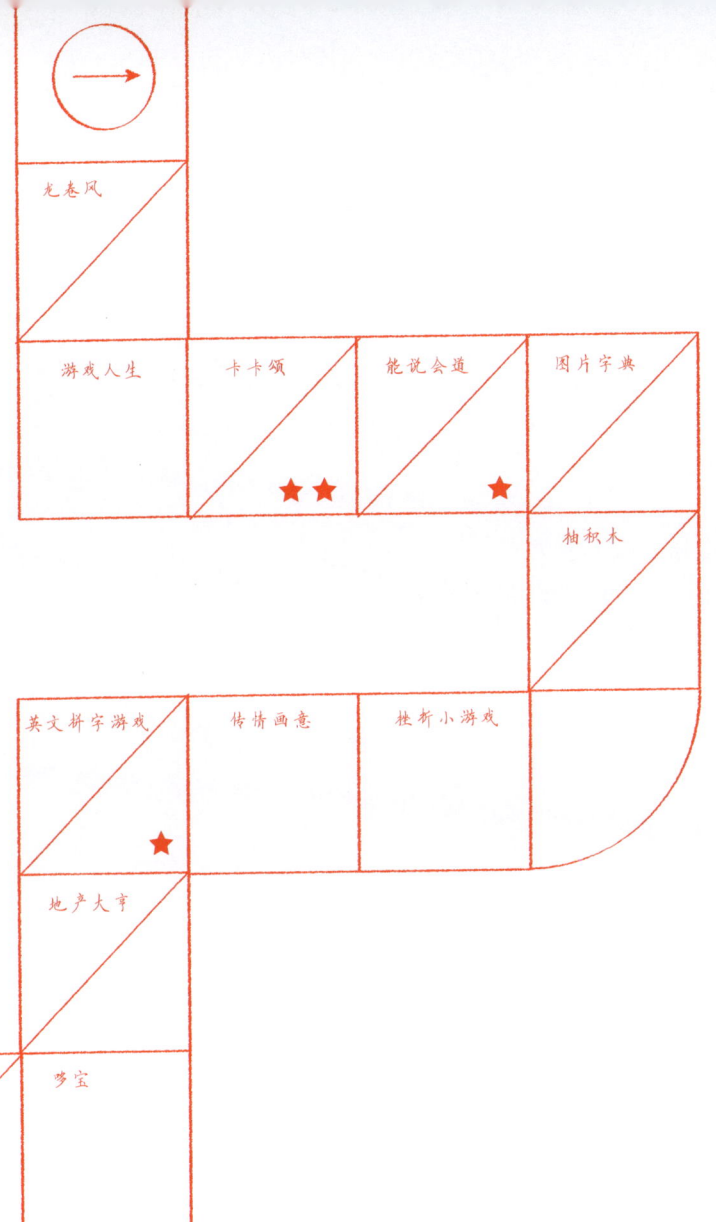

愿望清单

如果你想储存你一生中想要完成的所有经历和成就,还有什么地方比你的子弹笔记更适合呢?当你创建清单的时候,记得分组写下你的目标,以此给自己减轻压力,比如一次写十件或十五件事情,并把你这周可以做的事情也写进去。你写这个清单是为了开始行动。

首先在一张小纸片上写下最先出现在你脑海中的想法和感受——这样你就可以考虑在你的笔记中使用哪种设计来把这些清单放在一起。这些最初的想法将是最诚实的,把它们作为未来的目标去努力,任何事情都有可能发生!

长期愿望清单

创建一个愿望清单，每当想到一个新的目标时就把它添加进去。在你的日记本上展开两页纸，在两页纸的中间画一个圆圈（或正方形），你喜欢多复杂都可以。在左手页的左边和右手页的右边画一条线（直线或波浪线），每隔1厘米画一个正方形。你可以在这些正方形中添加你的目标/对象的数量。从左手页开始，给你的方框编号，并且写下你的目标。当你再往下填的时候，你必须围绕中间的圆圈（或正方形）写字。你可以缩小或加大正方形的间距，用这种方式按你的意愿把你想写的东西聚拢或展开。

如果你填完了这两页纸，就再填两页纸吧！

每月愿望清单

为什么不试试每月列出一个愿望清单来记录眼前的目标，比如建立一个网站，或者参观国家美术馆？你可能只需要一页纸，把月份和"愿望清单每月目标"写在最上面。你可以着重使用漂亮的笔迹和古怪的涂鸦，使这个页面比长期的愿望清单更加简约。

1 _____
2 _____
3 _____
4 _____
5 _____
6 _____
7 _____
8 _____
9 _____
10 _____

我愿清

的望单

每周挑战五个单词

从字典中随机挑选五个单词,提高你的词汇量。把你挑的词记下来,然后用每个词造句。试着每天使用一次新单词。

我想做的事

生活可能十分紧张忙碌,以至于我们把爱好和激情都统统抛在脑后。把你想培养的爱好列一个专页。

烘焙

制作首饰

做陶器

针织

写博客

写作

做泡菜

做果酱

折纸

饲养家禽

创意写作记录表

不管你是一个有严肃目标的初出茅庐的作家,还是纯粹为了好玩而写作并想提高创造力,在一本子弹笔记中记录你的写作进度,都是保持动力的好方法。你的子弹笔记可以被用来设定现实的目标和防止出现倦怠。它可以帮助你对写作和你迄今为止所取得的成就保持积极的态度,并停止拖延和停滞不前。

- 设定一段时间的写作目标:在一定的时间内写一些单词,或者在指定的时间内坚持写作。 记录你的实际成就。

- 每天或每周记录你的写作活动。使用日志来回顾你在这段时间里取得的进展:一周中的哪几天或一天中的哪些时间你的效率最高?

- 每次写作之后都要记录你的心情。

- 试着保持积极的心态,把注意力集中在你目前已经取得的成就上,而不是老想着消极的东西。

- 如果你真的想写一部小说,你可以用一本单独的子弹笔记来帮助你制定更详细的计划。

天文事件日历

用一个特别的日历来记录你所在地区的天文事件

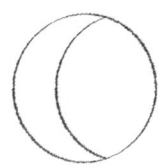

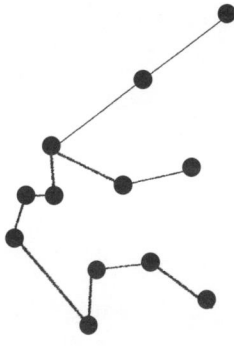

物种辨认专用页面

你是热心的鸟类观察者吗?植物学家?爱狗的人?专门用一个对开页来记录你正在寻觅的物种。留出足够的空间来画出或记下任何你无法辨认的物种。

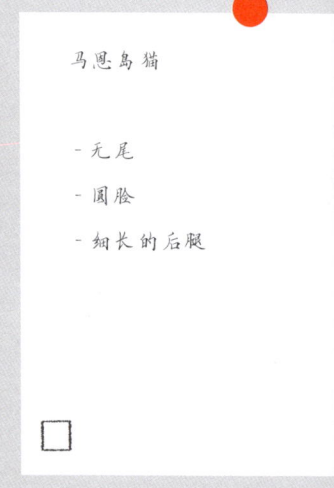

马恩岛猫

- 无尾
- 圆脸
- 细长的后腿

美洲金翅雀

野风信子

(本土的，风信子科
蓝铃花属)

- 白色花粉
- 深紫罗兰色的花，也有白色
- 花茎向一侧弯曲或下垂
- 几乎所有的花都集中在茎的一侧，向一端下垂
- 花朵呈钟状，两边平行，窄而直
- 花瓣尖端向后弯曲
- 花香浓郁而又甜美

文具愿望清单

已经拥有笔、铅笔和订书机等主要文具,但还需要更多别的文具?很难抗拒在这些有用的(而且通常是可爱的)物品上花钱。在这种情况下,你应该给自己设定一个预算,把你的列表分为必需品和愿望清单。在按你的愿望清单购买任何东西之前,让自己等待一段时间,以避免冲动性的大额消费。

变得有创意 V

更多涂鸦

水滴状字母

a b c d e f g h i j k l m
n o p q r s t u v w x y z

A B C D E F G H I J K L
M N O P Q R S T U V
W X Y Z ? & ($ £ € ,!)

---

1 2 3 4 5 6 7 8 9 0

边框和分隔符

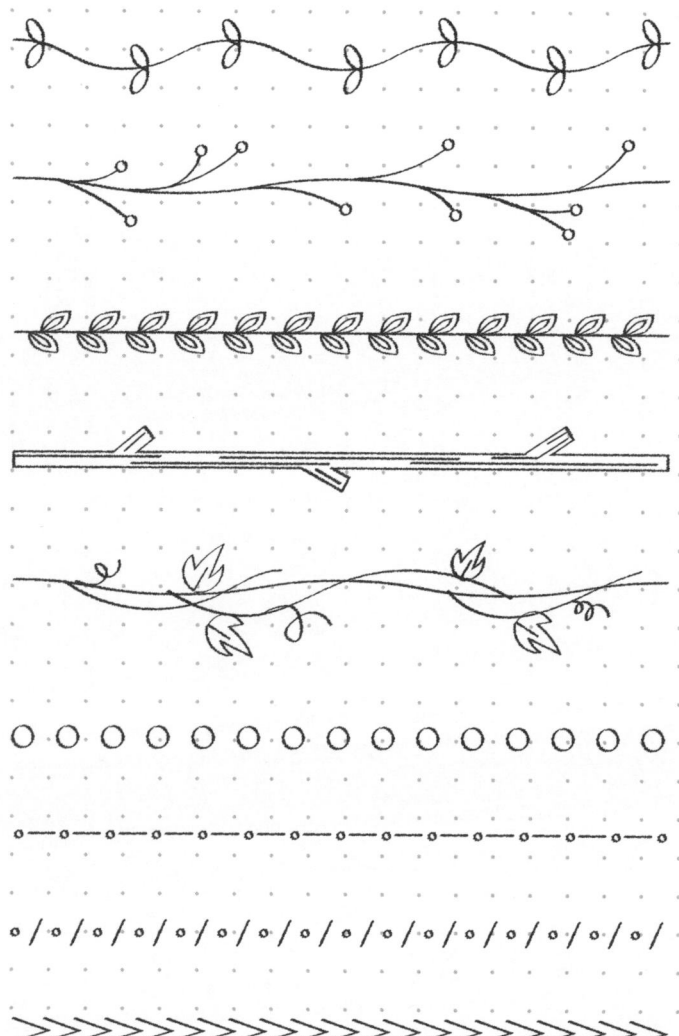

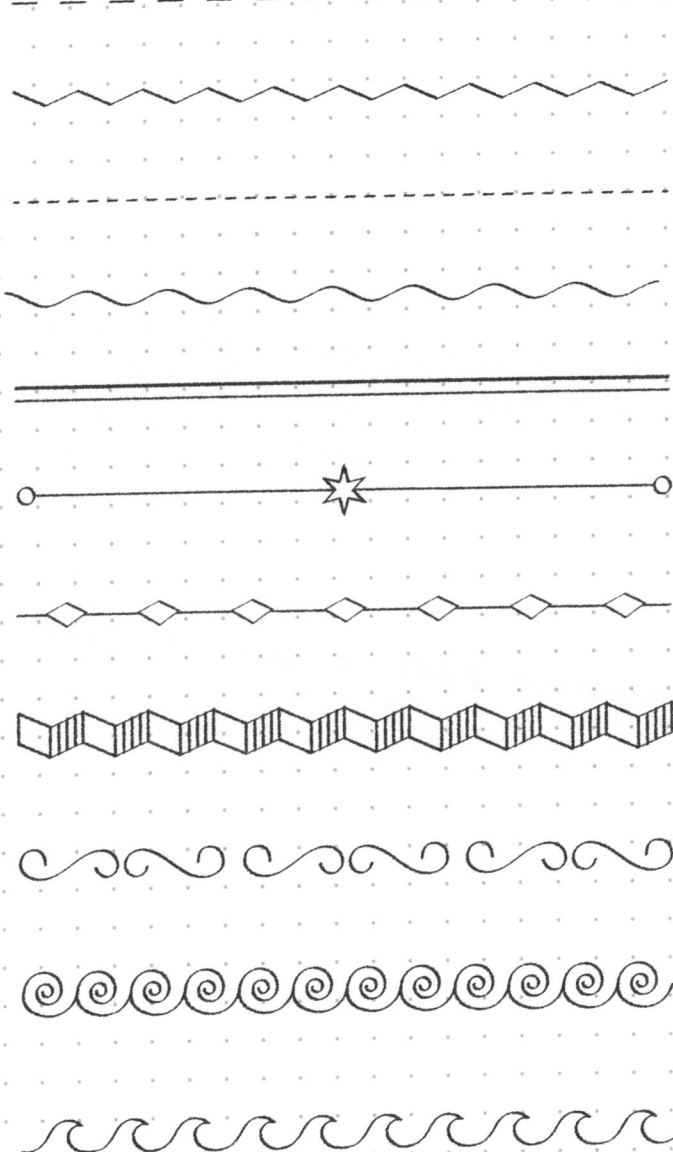

I AM
SEEKING
I AM IN IT
STRIVING
WITH ALL
MY HEART—

Vincent Van Gogh

（我焦渴地追寻，全身心地投入 —— 文森特·梵高）

生活管理

总是忘记姨妈的生日吗?不知道今天晚餐吃什么?你又忘了换床单?这个部分将帮助你保持个人生活和社会生活井然有序。

生日转盘

用生日转盘记录朋友和家人的生日。画一个大圆圈,然后在里面画一个小圆圈。现在将圆圈分成十二个部分,并添加月份标签。

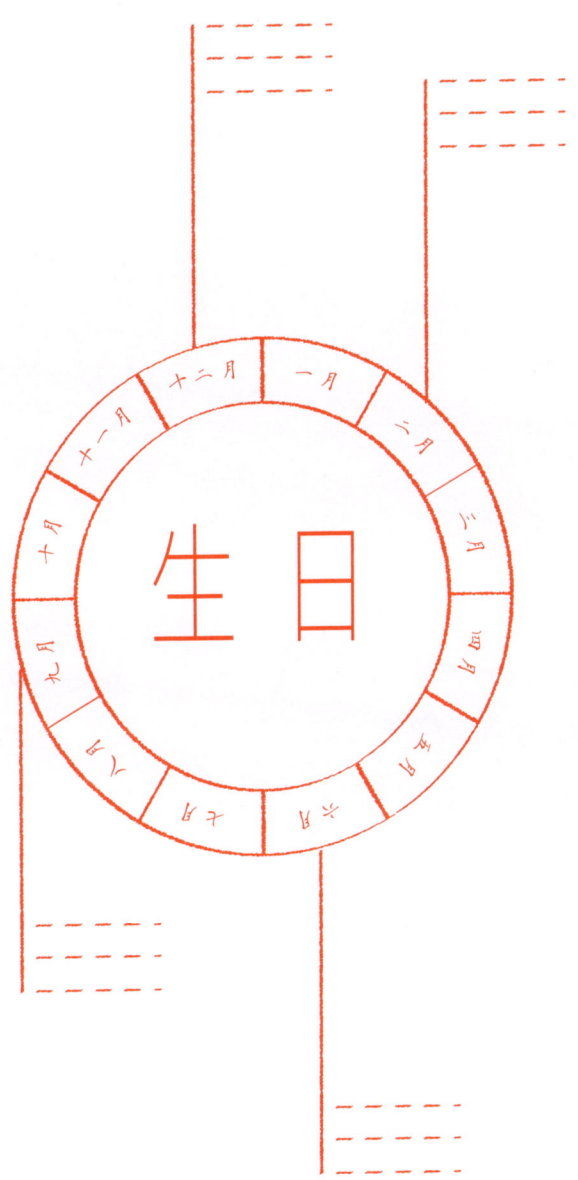

要赠送的礼物

你知道你最好的朋友会喜欢什么,而且见过这样的东西,但是当她的生日来临时,你却不记得那是什么了?永远不要再迷失方向,把你子弹笔记用来记录关于礼物的想法吧。必要时把购买礼物的商店或在线链接也记下来。

装饰

圣诞电影

嘉宾

圣诞节

除了我们的生日外,这是一年中最美妙的时刻,圣诞节!计划一个最好的圣诞节,列出以下专用清单:

礼物

接收者

花费

预算

包装

购买人

提供人

圣诞晚餐/零食

圣诞歌曲

倒数日历填色

将你的页面划分成 24 格,在这张表格加上你自己的图画或者记录来为你最爱的节目倒计时

斋 月

斋月开始于 _____

斋月结束于 _____

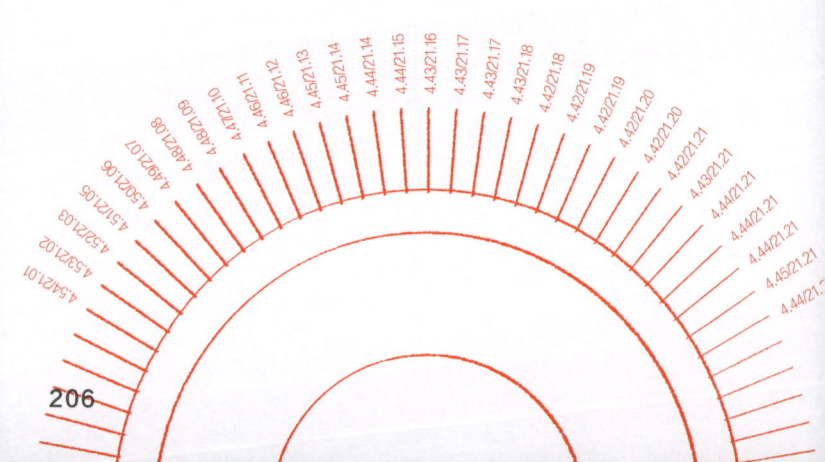

开斋节快乐

随着斋月的结束,开斋节的庆祝活动正在进行。在开斋节的早上吃一顿甜食是传统,所以这是尝试新食谱的绝佳时机。测试这个方法:你会做任何改变吗?或者它行得通吗?把你的食谱抄写到你的子弹日记里。使用颜色、图像或字体使说明看起来更漂亮。

今年的开斋节会是:

_____

将和我一起庆祝的人是

_____

_____

时间 _____

地点 _____

我们会吃

_____

_____

开斋节快乐!

光明节

光明节是和那些你所爱之人待在一起的时候。在你的子弹笔记上画一个大圆圈,然后把它分成九等份。在每一个扇形中,写一个你想在下个月见到的朋友或家人的名字。使用一种书法来练习你的字母书写。无论是共进晚餐、看电影,还是简单地打个电话,都要抓住机会好好交谈。别忘了在你的日程表上记录日期。

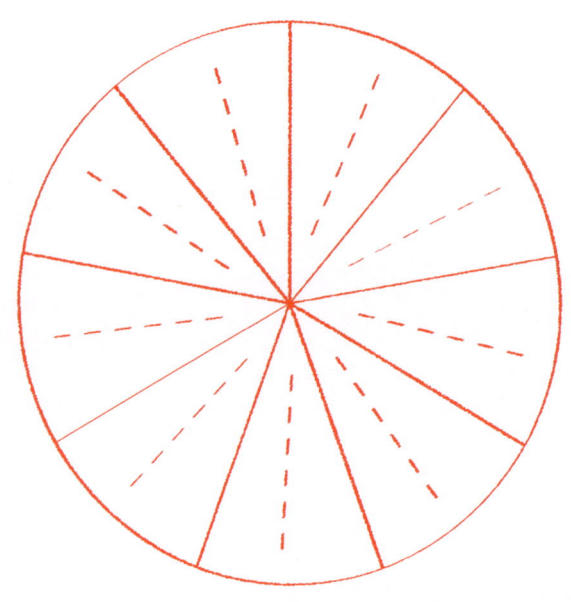

中国农历新年策划人

今年中国农历新年是

— — — — — — — —

今年是

鼠年　　　　　　牛年　　　　　　虎年　　　　　　兔年

龙年　　　　　　蛇年　　　　　　马年　　　　　　羊年

猴年　　　　　　鸡年　　　　　　狗年　　　　　　猪年

将和我一起庆祝的人是

— — — — — — — —

时间　— — — — — — — —
地点　— — — — — — — —

我们会吃

— — — — — — — —

— — — — — — — —

我会把红包给

— — — — — — — —

中国农历新年快乐!

排灯节

传统上,排灯节的准备工作包括打扫和装饰生活空间,然后用光填满它。为什么不利用这段时间来做一些需要做的家务活呢?在你的子弹笔记中找一页,画一张你家的基本平面图。为每个房间命名,并贴上需要做的家务活标签。如果你有很多工作要做,也需要很多人手,那就把每个任务的名字写下来,然后把任务分派出去。当你完成这些家务活的时候,把每个房间都涂上颜色,你就会点亮这一页!

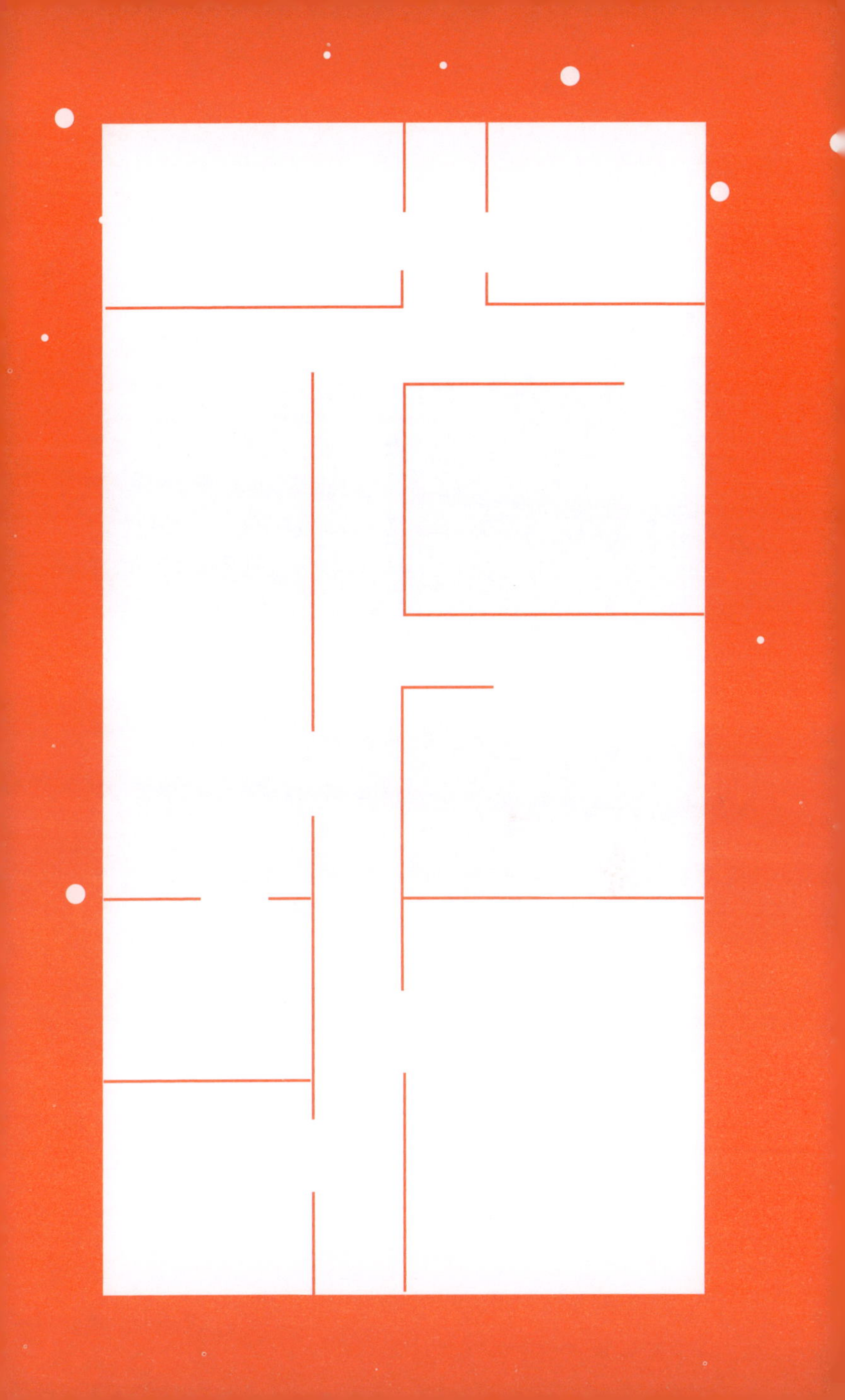

别人说的话

专门用一页记下你周围人的搞笑语录。可以是一个陌生人在公共汽车上说的滑稽事、一个老师奇怪的口头禅、一个家庭成员愚蠢的轶事,或者一些让你和你的伙伴笑个不停的事。如果你想要开怀一笑,这一页将是你最好的提神剂。这也是记住周围人的一种绝妙方式,这样你就不会忘记他们了。

如果你的生活中有人因总是妙语连珠而出名,为什么不为他专门写上一页呢?或者为什么不把某件事情专门记在一页上呢?这样你就能记住所有发生过的有趣的事情了,例如和朋友一起度过的某个假期、一件单身男士/女士做的事、一次校园旅行。

永存我心

在一个社交媒体和即时通讯如此发达的年代,我们常常会忘记要把时间花在你生活中真正重要的人身上。用你的子弹笔记给你自己设定定期的、可实现的目标,去与你所爱的人联系,让他们知道你在思念他们。如果你想特别自律的话,就把这些行为写在你的习惯记录表中吧。

· 给你的一个老朋友打电话,你已经有一段时间没和他说话了。
· 无论你身处世界的哪一个角落,都要给你的亲人寄一张明信片。
· 把你和你朋友的一些照片打印出来,而且寄给他们保存。
· 如果有人找到了新工作就给他/她送一束鲜花祝贺。
· 做一张卡片并写封短信,让别人知道他们对你来说很特别。
· 或者,对于那些不想使用传统邮件的人,给那些你有段时间没联系的人发送一封更长的电子邮件或一条消息,去了解他们的近况? 这比"喜欢"要更为私人得多!

有用的联系信息

虽然写信对大多数人来说已经成为过去,但仍有一些人需要你寄生日卡或感谢信给他们。与其记录地址簿,不如把关键的联系信息写在你的子弹笔记中。

布告栏

在你的日志中留出空间,让你的朋友和家人给你写留言,让你一整天都充满动力。

网上交友约会

莎士比亚写道:"真爱的历程从来不是一帆风顺的。"尽管这是他400多年前写的,但那些在网上交友约会的人可能会认为,一切都没有改变。约会既让人筋疲力尽,也让人受益匪浅。所以记子弹笔记是一种很好的方法,可以让你专注于自己的目标,确保你花时间去追求好女孩/好男孩,而不是把精力花在浪费时间的事情上。

· 整理你的在线个人资料:你希望展示的名人语录、喜欢什么/不喜欢什么、有趣的轶事等。

· 写下约会的创意——你想去的餐厅/酒吧、有趣的活动、最喜欢的咖啡馆。

· 记录约会的日期——把你要去的地方、和谁在一起去写到日记里,而且用"情感日志"记录你每次约会后的感受。如果你开始感到疲惫不堪的话,一定要抽出时间休息一下。

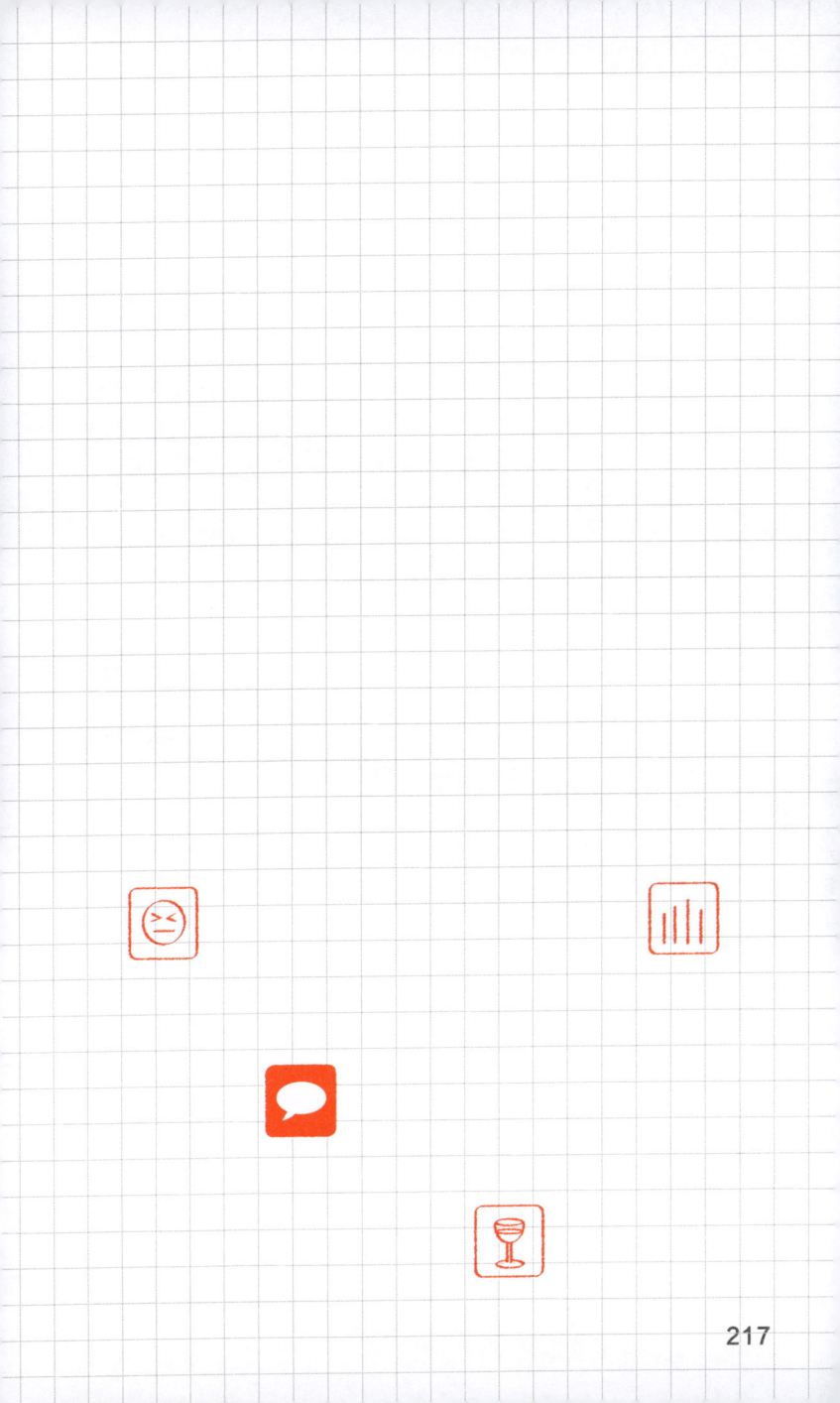

网购记录表

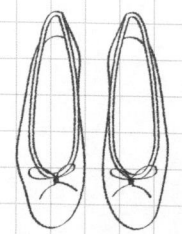

订购日期

物品

到达时间

退货

退款金额

退款到期日

备注

装备计划

如果你即将出门度假、出国工作旅行,或者想在新单位上班的第一周给你的同事留下深刻的印象,提前计划好穿什么衣服可以大大减轻你早上收拾行李或准备的压力。

· 在你的子弹笔记中画一个表格。在一根轴上添加需要计划的天数,并将另一根轴分成六列或七列。
· 如果你计划白天和晚上穿不同的衣服,那就把每一天的那一栏分成两部分。
· 将另一根轴划分为不同的装备组件:鞋子、上衣、裤子、连衣裙/连体衣、外套、鞋子、配饰、箱包等。

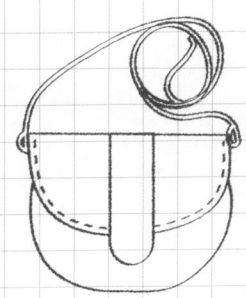

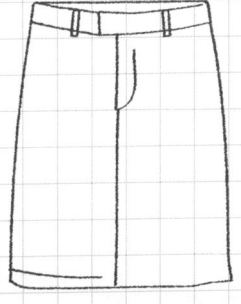

储蓄目标

当你存钱的时候,用简单的条形图来记录多个储蓄目标并涂色。如果你动用了你的存款,可以使用修正液;希望由此产生的不和谐外观将足以劝阻你!

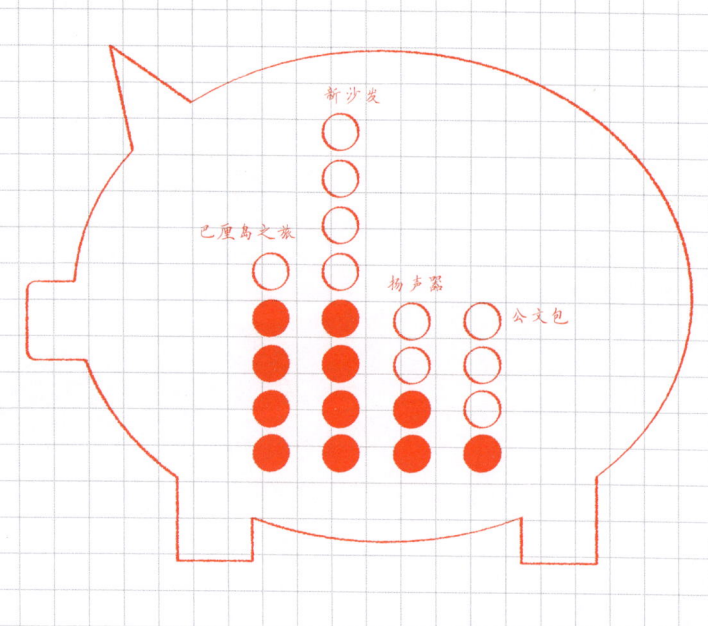

银行余额记录表

用这张折线图把你这个月的银行存款余额记录下来,这是你控制财务状况的第一步。用颜色区分多个银行账户。或者,记录每天花销的总金额。

在你买买买之前

冲动消费会消耗你的日常预算,阻碍你实现储蓄目标。你可能已经把你的子弹笔记当作财务记录表使用了:它对于做预算、努力实现储蓄目标以及真正分析你把钱花到哪里去了都是很好的工具。消费往往会有巨大的情感因素,因此,牢记这一点可能是非常有益的。为什么不用你的子弹笔记来记录你对金钱的感觉,并探究促使你花钱的原因(好的和坏的)?在你开始花钱之前,找出五个买东西的好理由。

消费日志

记录下你的交易,了解你的钱都去哪儿了。

起始余额	_ _ _ _ _ _ _ _
最终余额	_ _ _ _ _ _ _ _

日期	购物	买的东西	金额	贷方/借方

想去的餐厅

我们都喜欢外出就餐,不论是经常还是偶尔,但有这么多餐厅可供选择,你如何缩小尝试的范围呢!?

如果你曾经忘记过你读过的一篇很棒的评论、一个朋友的推荐信,或者一个看起来很棒的心灵笔记——好了,是时候记下来了!让我们从给你想要的餐宴形式加上标题开始;记下引起你注意的餐厅或咖啡馆的名称,然后记下相关细节,包括餐厅的位置、是否可以预订以及大概的价格等等。

如果你在做预算,就需要计划外出就餐的时间和地点,当你这张清单每个月都在增加时,你应该总结出来当月你真正想去的餐厅。

→ 位置　　　　　♥ 想尝试
$ 预算　　　　　✗ 避免 v
○ 无预订
● 预订

早餐 / 早午餐	午餐	晚餐
早餐俱乐部 → 东部 17th $$○	披萨联盟 → 国王十字路口 $$○	Sketch ♥ → 梅费尔 $$$$●
我们的朋友们 → 肖尔迪奇 $○		诚实的汉堡 → 到处 $○
La 摩卡 → 巴特西 $$○		
周日 ♥ → 伊斯灵顿 $○		

避免

Yoshma ✗
马里波恩
"价格中等,定价过高"

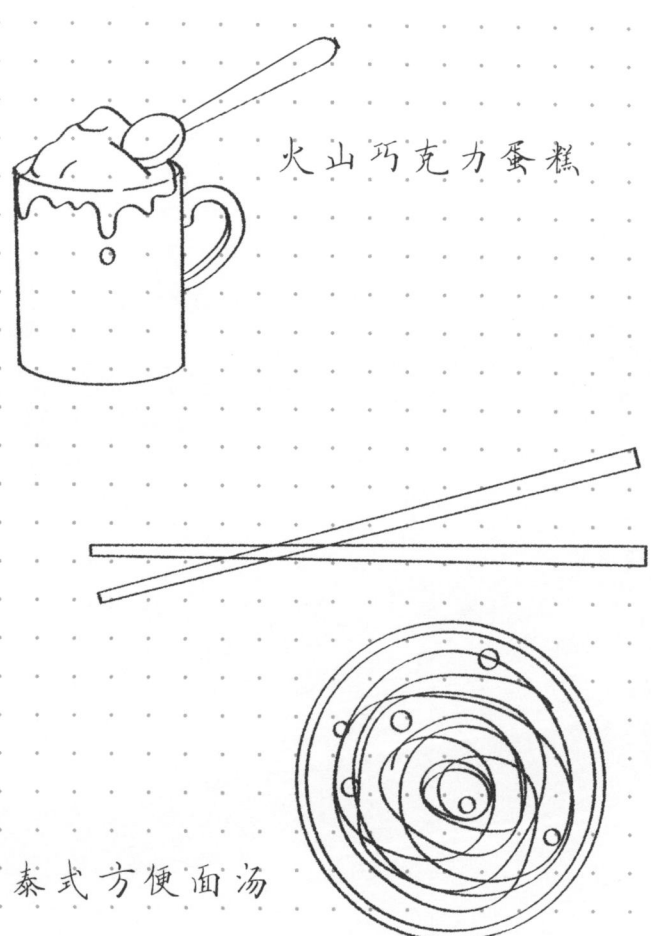

火山巧克力蛋糕

泰式方便面汤

终极安慰美食

有时候你需要通过吃东西获得安慰！研究可以亲手做的，放在大杯子里烹饪的食物。在一页纸上画一系列杯子，每一个都用不同的方式装饰，并在杯子的外面写上配料。

变得有创意！你可以制作一系列杯子蛋糕，或者，如果你是一个很好吃的人，可以在方便面上做点变化。这里有两个食谱可以作为你的入门指南：

火山巧克力蛋糕
- 满满一中匙融化的黄油
- 满满一中匙砂糖
- 一个鸡蛋
- 满满两中匙普通面粉
- 一茶匙泡打粉
- 一中匙巧克力酱

将前五种配料混合在一个大杯子里，直到搅拌均匀。在面糊中间打个洞，然后加入巧克力酱。微波炉加热1分半钟。即可食用。

泰式方便面汤
- 一份方便面
- 一平茶匙泰国咖喱酱
- 半根切碎的葱
- 一把豆芽
- 一把切碎的菠菜

把所有食材都放在一个杯子里，先放方便面。倒入足够的开水盖住面，然后用保鲜膜罩住杯子。三分钟后就可以吃了。

关于工作日晚餐的想法

每周保持晚餐新鲜而又有趣可能是件令人头疼的事,当你忙碌、压力大或预算紧张时,尤其是当所有美食家的灵感突然消失的时候,坐下来写购物清单可能会让你感到畏惧。把你最喜欢的晚餐创意都储存在你的子弹笔记里,这有助于缓解压力,同时确保你整个星期的晚餐都会有很多变化。提前计划也有助于优先考虑健康的饮食习惯,有助于降低成本和更好地做预算。

变 化

- 对以肉类和素食为主的菜肴进行颜色编码将帮助你记录这一周的肉类摄入量。

- 将不同的菜系按分支组合。或者,你也可以将食物分类,根据食物的健康程度、从最喜欢的到最不喜欢分类,或者根据主要成分(如意大利面、土豆等)分类。

- 在菜肴旁边写下要花多长时间准备,以帮助你做决定。如果你知道接下来的几个晚上会很忙,你就会知道该避免吃什么菜了!

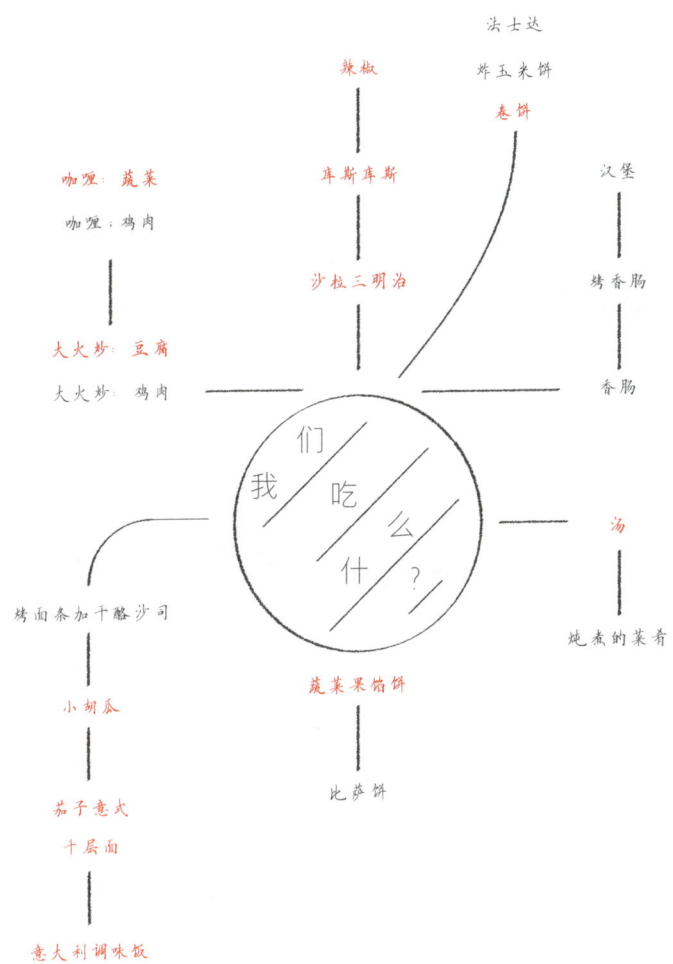

土豆专页

哪种土豆做成的土豆泥最松软？你应该选择哪种土豆来做完美的烤土豆呢？哪种土豆可以做成很棒的炸薯条？创建一张维恩图来充分利用这种食品柜里的主食，你就再也不会挨饿了。

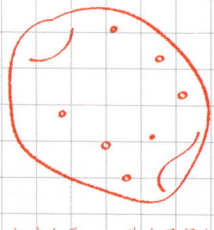

公鸡土豆——外皮呈深红色。适合烤、烘烤、做炸薯条、煮。

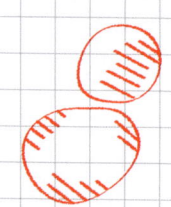

粉基儿土豆——外皮呈粉红色，果肉呈白色。适合带皮烤、做炸薯条、蒸、烘烤。

美食家土豆——外皮呈白色，果肉呈乳白色。适合煮或蒸。美味可口！！

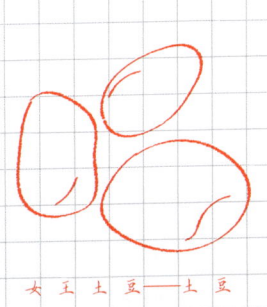

女王土豆——土豆皮介于白色和黄色之间,果肉呈白色。适合烘烤、做土豆泥、烧烤、油炸。

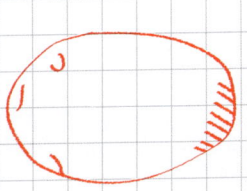

金色梦幻土豆——土豆皮呈黄褐色,果肉呈淡黄色,能存储很长的时间。适合烘烤、做土豆泥、烧烤、油炸。

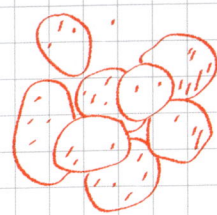

马里斯·派柏土豆——土豆皮呈金黄色,果肉呈乳白色。适合做炸薯条、烧烤。

浴室

- [ ] 清空并把所有的柜子和抽屉上下擦干净
- [ ] 把贮藏柜和抽屉上下擦干净
- [ ] 把镜子擦干净
- [ ] 擦拭并给浴室柜和水槽消毒
- [ ] 清洁浴缸和下水道、瓷砖、水龙头以及淋浴喷头、马桶
- [ ] 擦拭门、门把手、开关、踢脚线等
- [ ] 扫地和拖地
- [ ] 清洁窗户、屏风和窗台
- [ ] 倒垃圾

厨房

- [ ] 清空抽屉和橱柜,擦拭内部
- [ ] 擦拭橱柜门
- [ ] 清理和整理存放食物的橱柜和电冰箱或冰柜
- [ ] 对烤箱内部进行深层清洁
- [ ] 擦洗灶台
- [ ] 清洁微波炉和其他电器的内部
- [ ] 冰箱下面和后面都要用吸尘器清扫
- [ ] 如果必要的话更换冰箱中的水过滤器
- [ ] 清洁吧台
- [ ] 清洁防溅板
- [ ] 打扫干净洗碗机
- [ ] 清洗并擦亮洗碗池
- [ ] 磨快刀具
- [ ] 擦亮银器
- [ ] 擦拭门、门把手、开关、踢脚线等
- [ ] 扫地和拖地
- [ ] 倒垃圾

卧室

- [ ] 把衣柜和抽屉打扫干净
- [ ] 把床垫翻过来
- [ ] 清洗床单和枕套
- [ ] 清洗枕头、羽绒被、床垫和床罩
- [ ] 擦拭门、门把手、开关、踢脚线等
- [ ] 用吸尘器清扫木地板并拖地或者用吸尘器清洁地毯

生活区域

- [ ] 倒垃圾
- [ ] 给灯的固定架、灯具和灯罩掸灰
- [ ] 清洗或干洗窗帘、枕头、毯子、靠垫套
- [ ] 掸灰
- [ ] 给实木打蜡抛光
- [ ] 擦拭门、门把手、开关、踢脚线等。
- [ ] 清洁窗户
- [ ] 吸尘和拖地

户 外

- [ ] 擦拭户外家具
- [ ] 打扫天井、屋边供休息的木制平台、走道和门廊
- [ ] 擦拭门和门廊
- [ ] 抖掉门垫上的灰尘

春季大扫除——
15天每天花15分钟

冬天终于过完了,阳光更加明媚,白天的时间也更长了,是时候迎接春天了!如果你觉得春季大扫除的想法很吓人,一个很好的解决方法就是把它变成一种挑战。每次只集中打扫一个(小)区域,然后把它从你一天的待办事项列表上勾掉。把任务分成每天只花15分钟就能完成的小任务,让你的空间变得干净整洁——这意味着你不会长时间不停地进行枯燥的打扫,然后在这个月剩下的时间里累瘫在沙发上。15天每天花15分钟,你就大功告成了!

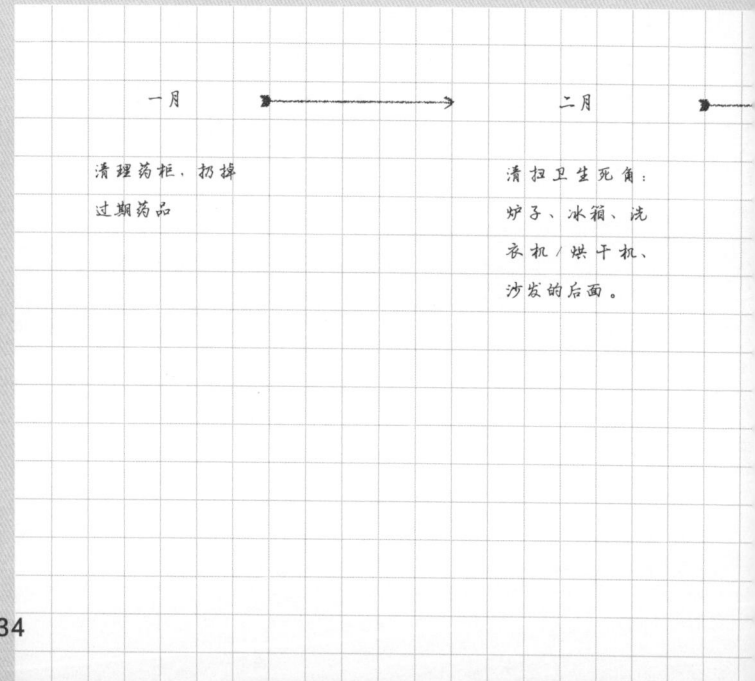

一月

清理药柜,扔掉过期药品

二月

清扫卫生死角:炉子、冰箱、洗衣机/烘干机、沙发的后面。

一年一度的家务活

另一种记录一年一度家务活的方法是在未来日志中将它们分配到一个月中,或者把它们专门写在一页上。

其他的想法:整理个人的和家庭的文件。洗羽绒被、毯子和枕头。清理抽屉和壁橱。把可用的衣服和物品捐赠给慈善机构。如有必要还得清洗墙壁并修补油漆。给冰箱除霜并清理冰箱、炉子和烤箱。整理厨房橱柜,并扔掉过期物品。

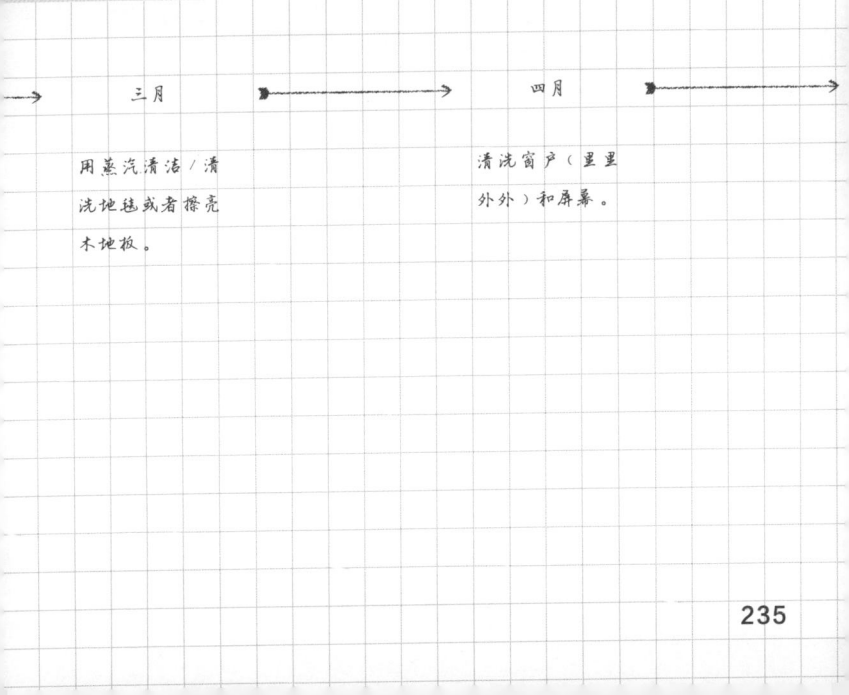

上次我做这件事是什么时候

处理好日常家务活很重要,把上次你更换牙刷或检查烟雾报警器的时间记录下来也很重要。你的子弹笔记可以帮你记录那些麻烦的杂事。首先列出那些你容易忘记的家务活／任务。

小贴士: 你还可以在未来日志中把任务记下来,以便在以后的每月计划、每周计划／每日计划的页面中进一步接受这些任务。

	频率	
换牙刷	每个月	6月12日
清洗床上用品	每6个月	
清理冰箱	每2个月	
检查烟雾报警器	每6个月	
把床垫翻过来	每3个月	
给冰箱除霜	每年	
清洗车辆	每3个月	

- 把页面分成六列。在这六列中,写出要记录的任务。你也可以记下你想多久完成一次家务,例如每三个月给床垫翻一次面。

- 使用其余列记下上次完成家务活的日期。每次你完成一项任务时,都要把日期记下来。

- 如果您想让你的列表看起来更独特,不仅仅是一个简单的表格,你可以在页面上为每项家务活 / 任务画矩形或圆形,在每个形状中留出足够的空间来记录至少五个日期。

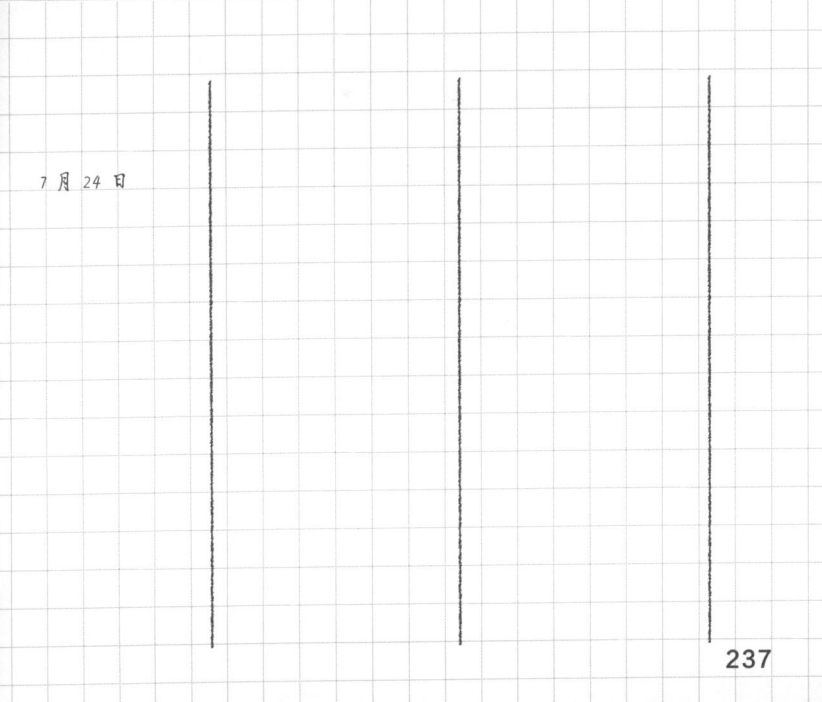

7 月 24 日

家庭装修项目——按房间划分

用这个直观的辅助工具来记录你的家庭装修愿望清单。

卫生间
对空鼓的瓷砖重新进行水泥灌浆
新花洒

儿童房
购买双层床
更换地毯

厨房
存钱买新炊具

客厅
安装电视
给踢脚线刷油漆

主要的食品杂货目录

在你每周的购物清单背后,你还应该有一个装满日常调味品的橱柜,这些调味品够你用几周甚至几个月。里面放什么随你的个人口味而改变,但记录下来可以帮你了解实际上你会定期使用的东西 —— 在你吃到四包一模一样的红辣椒之前。下面是一些调料,应该包括大多数的常见调料了。把它们记在你的日志里,以便查询。

生活必需品:
- 盐
- 胡椒
- 大蒜
- 橄榄油

干香草和香料:
- 干辣椒片
- 红辣椒
- 月桂叶
- 孜然
- 姜黄
- 肉桂粉
- 姜粉
- 百里香
- 迷迭香

调味品:
- 酱油
- 白葡萄酒醋
- 香醋
- 植物油

'Let us make our future now, and Let us make our dreams tomorrow's reality'

Malala Yousafzai

（让我们现在就创造我们的未来，让我们把梦想变成明天的现实。
——马拉拉·优素福·扎伊）

变得有创意 VI

天气图标

一步一步跟着画

大师班

书　法

　　使用毛笔或钢笔和墨水，书写优美多变的书法线条。关键是向下的笔画加粗加宽，向上的笔画变细变窄。在这本书的背面或横格纸上，按照下面的字母范例进行练习，然后练习书写书中列出的那些鼓舞人心的名言。

A B C D E F G

H I J K L M

N O P Q R S

T U V W X

Y Z

a b c d e f g h i

j k l m n o p q

r s t u v w x

y z

( ) ! , " ? &

1 2 3 4 5 6 7 8 9 0

秘密空间

如果你发现一些内容需要跨页,使用整整两个页面还不够的话,那么下次当你起草这一页时,翻到一个对开页。剪掉左边那一页的大部分,只留下中间一块附在书脊上。在下一页重复此过程。瞧!嵌套在两页中的页中页就做好了。

丝 带

在你的子弹笔记中添加多根丝带,以确保你可以瞬间找到最常用的页面。用强力胶水把丝带粘在书脊上。给丝带的末端打结,以防止过度磨损。

高级日志
购物清单

- 和纸胶带
- 折纸
- 包装纸屑
- 橡皮图章及彩色油墨垫
- 毛笔
- 书法笔,钢笔尖和墨水
- 水彩铅笔
- 水刷笔
- 闪光胶水

不同的事物使用不同的日志

你是个健忘的人吗？永远不要忘带日志：一本留在家里供个人使用，一本放在上班的地方或学校。

变 化

如果你热衷于每日计划和每周计划，你可能会想把这些页面放在书的另一端，与你的合集和记录表分开。

迁移到新的笔记本

一本新的子弹笔记意味着你有机会重新开始。在你一头扎进新的子弹笔记之前，花点时间浏览一下你已经完成的那本。考虑一下哪些有效，哪些无效。在你的新子弹笔记中，你会继续使用哪些页面，还有哪些页面会弃之不用？迁移待办事项列表时也是如此。列表上有哪些项目已经被推迟了几十次？你真的还需要完成这些项目吗？或者你能放弃这些项目吗？

请记住，可能性和你的想象力一样无穷无尽。

鸣 谢

感谢齐诺·康普顿在文字和项目管理方面所做出的贡献,同时衷心感谢麦克米伦"365天子弹笔记梦之队"的其他成员所做出的杰出贡献:萨巴·艾哈迈德、乔安娜·道金斯、布里德·恩赖特、萨拉·哈维、丽贝卡·凯拉韦、罗里·奥布莱恩、萨拉·帕特尔、蕾切尔·温、夏洛特·赖特和亚历克斯·杨。